건강(컬러푸드)

인생공부

건강(컬러푸드) 인생공부

발   행 | 2022년 5월 18일
저   자 | 권영민, 전유진
펴낸이 | 한건희
디자인 | 권영민 (권영민인문학연구소)
펴낸곳 | 주식회사 부크크
출판사등록 | 2014.07.15.(제2014-16호)
주   소 | 서울특별시 금천구 가산디지털1로 119 SK트윈타워 A동 305호
전   화 | 1670-8316
이메일 | info@bookk.co.kr

ISBN | 979-11-372-8292-6

www.bookk.co.kr

건강(컬러푸드)

인생공부

권영민, 전유진 지음

CONTENT

서 문

　현대인의 질병 대부분은 부족한 음식 섭취가 원인이 아니라 과도한 음식 섭취로 발생합니다. 지금 건강 상태는 지난 10년 동안 먹은 음식의 결과물이라는 말처럼, 어쩌다 한번 먹은 음식 때문이 아니라 습관적으로 먹은 음식이 질병이 됩니다.

　한의학에 '식약동원(食藥同源)'이라는 말이 있는데, "음식과 약은 그 근원이 같다"는 말입니다. 병이 든 다음 약으로 치료하기 전에 음식으로 건강을 유지하라는 조언이기도 합니다. 이와 유사한 영어 표현으로, "You are what you ate"는, '먹는 것으로 당신의 몸이 결정된다'는 의미입니다. 그만큼 먹거리가 중요하다는 의미입니다.

　그렇다면 건강의 시작은 매일 먹는 음식을 살펴봐야 합니다. 지금의 건강 상태가 좋지 않다면 당장 식탁에 변화를 주어야 합니다. 지난 시간 동안 매일 먹어온 음식으로 건강이 나빠졌기 때문입니다.

건강한 음식으로 대표하는 것으로 자연 상태 식물이 가지고 있는 고유의 색입니다. 과일과 채소는 각기 고유의 색을 가지고 있고 이를 파이토케미컬이라고 합니다.

이 파이토케미컬(phyto chemical)은 식물이 해충과 질병, 그리고 과도한 양의 자외선으로부터 자신을 보호하기 위해 생성하는 방어물질이자 천연색소입니다. 식물마다 각각 수천 가지의 파이토케미컬을 함유하고 있는데, 식물들은 이 파이토케미컬로 활성산소로부터 자신을 보호합니다.

식물마다 색이 다른 까닭은 식물이 가지고 있는 파이토케미컬의 색이 다르기 때문에 나타나는 현상입니다. 석류가 빨간색을 띄고, 호박이 노란색을 나타내는 것은 그 식품의 파이토케미컬의 색이 그런 색이기 때문입니다.

2008년 6월 《놀라운 양파의 효능》을 시작으로 컬러푸드(Color Food) 시리즈를 꾸준히 출간했는데, 현재 15종의 컬러푸드를 책으로 엮어냈습니다.

현재 언택트의 시대를 살아가는 현대인에게 가장 큰 관심사는 건강입니다. '건강하다'는 '아프지 않다'와 동의어는 아니지만, 아프지 않아야 건강하고 행복한 삶을 살 수 있습니다. 코로나 19시대에 살아가는 현대인의 건강은 지나칠 정도로 먹거리와 운동, 즉 신체의 건강에 치우친 면이 있습니다. 흔히 건강을 유지하기 위해 잘 먹고, 예방하고, 치료적인 관점이 대세이지만 최근 뇌과학이 발전하면서 기존의 시각에서 벗어나야 필요성이 증대되고 있습니다.

　　현대 과학이 밝혀낸 사실만 보더라도 한 사람의 건강은 영혼, 정신, 육체가 따로 움직이는 것이 아니라 통합적이며, 전인적인으로 살펴봐야 합니다. 그동안 어떤 공부도 마찬가지이지만 특히 인문학도 삶과 괴리가 있다면 그건 인문학이 아닙니다. 인문(人文)이라는 한자의 뜻대로 '사람의 흔적과 자국, 그리고 결'을 배우고 살아내는 과정이

인문입니다. 사실 '인문학(人文學)'이라기 보다는 '인문삶'이 더 정확한 표현입니다. 본 책에는 다섯 가지의 컬러푸드와 현대인의 정신 건강에 필요한 《장자》로 배우는 인문학 다섯 이야기를 담았습니다.

이 책으로 많은 분의 건강한 삶에 조금이나마 선한 영향력을 끼치기를 소망합니다.

2022년 5월
권영민, 전유진

건강한 삶을 위한 식생활

PART 01

건강한 삶을 위한 식생활

1. 질병을 부르는 환경

인간의 대부분은 태어날 때 우렁찬 소리를 울리며 이 땅에 태어났고, 부모로부터 받은 건강한 신체는 최고의 선물이다. 부모나 자식이나 모든 사람은 건강한 삶을 꿈꾸며 살기를 희망한다.

인간은 자연(自然)의 일부이다. 인간의 건강은 자연의 건강과 깊은 상관관계를 유지한다. 그러나 자연은 이미 잔류 농약과 화학성분, 환경 호르몬 등으로 오염되어 있으며, 지하수를 식수로 사용하지 못한 지 오래다. 현대인의 질병의 원인 대부분은 바로 오염된 토양과 물, 공기에서 비롯한다.

현대인은 과거 조상들과는 달리 곡류, 채소, 육류, 생선 등은 물론 가공식품, 식기, 생활용품, 주거환경 등을 통해서 다양하고 엄청난 양의 유해 물질이 인체에 유입되고 있다. 그리고 환경 호르몬의 피해와 그 심각성도 연일 미디어를 통해 전해 듣고 있지만 갈수록 무감각해지고 있으며 체념한 듯 보이기까지 한다.

인간의 건강은 하루아침에 문제가 되는 게 아니다. 산업 재해조차도 오랜 시간 문제를 방치해서 생기는 것처럼 우리 질병도 짧게는 10여 년, 혹은 평생에 걸친 식습관의 결과물이라고 보는 것이 정확하다. 수십 년에 걸쳐 몸 안에 축적된 유해물질은 인체의 세포와 각 기관에 영향을 끼쳐 암을 비롯한 각종 질병을 일으킨다.

이전의 유해물질인 잔류성 농약뿐만 아니라 중화학의 발달로 중금속 유해 독소, 즉 수은, 납, 카드늄, 알루미늄, 비소 등의 중독으로 인체의 신경계에 심각한 영향을 끼친다. 중금속이 몸 안에 쌓여 미네랄 균형이 깨지면 질병은 물론 심하면 사망에 이르기까지 한다. 대표적인 중금속 질병으로 1956년 일본에서 처음 발견된 미나마타병

은 수은에 오염된 생선을 먹은 것이 그 원인이었다. 60여 년이 지난 지금까지도 중금속으로 인한 피해가 보고되고 있다. 그리고 살충제나 플라스틱 제조 시 연화제로 사용되는 프탈레이트 계열, 석유, 폐기물, 육류, 생선, 유제품 등을 태울 때 발생하는 다이옥신 계열 등을 일반적으로 '환경 호르몬'으로 부르는데 이것이 인체 안으로 들어오면 유전자 변형은 물론이거니와 발암물질의 주원인으로 작용하기도 하며 생리기능을 교란하기도 한다.

인체의 건강을 위협하는 것으로 방사능 오염도 심각한 상태이다. 1986년 우크라이나 공화국의 체르노빌 원자력 발전소의 제4호 원자로에서 그 당시 31명이 죽고 피폭(被曝) 등의 원인으로 1991년 4월까지 5년 동안에 7,000여 명이 사망했고 70여 만명이 치료를 받은 것으로 알려졌다. 그리고 더 큰 문제는 그때 방출된 방사능으로 이전까지는 자연 상태에서는 거의 존재하지 않았던 '세슘137' 등과 같은 방사성 물질이 앞으로도 수많은 사람에게 심각한 질병 발생 요인으로 작용한다는 점이다. 방사능에 의해서 발생하는 질병은 암(갑상선암, 유방암, 백혈병 등), 유전질환(선천성 기형, 사산, 유산, 지능저하, 불임), 심혈관질환(심근경색), 그 외 신장염, 폐렴, 중추신경계질환, 백내장 등이 있다.

여기에 일본의 후쿠시마 원자력 사고로 체르노빌의 적게는 몇 배, 혹은 몇십 배 달하는 방사능 유출이 바다로 공기 중으로 확산하고 있는데 그 심각성은 가늠하기조차 어려운 실정이다.

최근에 일본 해산물의 방사능 오염에 대한 안전성 논란에 대한 방송 인터뷰에서 동국대학교 의과대학 김익중 교수는 "방사능 피폭량이 증가함에 따라 암 발생률이 비례해 높아진다는 것이 연구 결과 밝혀졌고, 세계적인 의학계에서는 이것을 정설로 인정하고 있다."고 말했다.

2. 질병을 부르는 식습관

과거에 비해 먹거리에 대한 인식은 많이 바뀌었다. 예전보다 생활 수준이 높아지고 잘 먹고 잘사는 웰빙에 대한 관심은 자연스럽게 먹거리에 대한 관심으로 옮겨졌다. 우리가 먹는 대로 몸에 영향을 끼친다는 사실을 잘 알고 있다. 그러나 정신없이 바쁘게 하루하루를 살아가는 현대인은 '아무 생각 없이' 닥치는 대로 먹거리를 몸에 채우고 있다. 바쁘고 편리하다는 핑계로 패스트푸드를 별다른 생각 없이 섭취하고 있다.

어떤 음식을 먹느냐에 따라 건강이 좌우된다. 현재의 건강 상태는 과거에 섭취한 음식의 결과이다. 우리가 섭취하는 음식으로 우리 몸을 구성될 뿐만 아니라, 음식 자체가 우리 몸의 질병을 치료하기 때문이다. 의학의 아버지로 불리는 히포크라테스도 "음식으로 고치지 못하는 병은 약으로도 고칠 수 없다."라는 말로 매일 섭취하는 음식의 중요성을 강조했다.

생활습관병

매일 반복적인 행동을 습관이라고 한다. 우리가 음식을 섭취하는 것도 습관이며, 질병도 습관이다. 병원마다 사람이 넘쳐난다. 생활습관병이라고 불리는 고혈압, 당뇨병, 심혈관질환, 암 등이 넘쳐나는 이유는 잘못된 식습관과 잘못된 생활습관으로부터 기인한다. 생활습관병의 대부분은 서구화된 식생활과 운동부족, 스트레스 등을 그 원인으로 꼽는다.

일본의 '장수 의사의 상징'인 히노하라 박사는 현재 나이가 100세지만 강연과 집필은 물론 의사로서 왕성한 활동을 하고 있다. 히노하라 박사는 인터뷰에서 "사람은 타고난 유전자로 마흔까지는 산다. 그 이후는 제2의 유전자로 살아야 한다. 그것은 바로 좋은 생활습관이다."라고 말하며, '인생의 중반인 마흔이 되면 타고난 방어 체력이 약해지기 때문에 이때부터 생활 전반을 다듬어야 한다고 충고하고 있다.

3. 산 음식 vs 죽은 음식

현대인의 전체 섭취 열량의 60% 이상을 가공식품에서 섭취한다는 보고가 있다. 지난 10여 년 동안 꾸준히 증가하였고 앞으로도 계속 증가할 것이다. 가공식품에는 맛을 내기 위한 인공감미료는 물론 유통기한을 늘리기 위한 방부제가 들어가며 그 외에 색소와 기타 첨가물이 들어간다. 제조과정에서 인체의 건강에 꼭 필요한 비타민, 미네랄, 섬유소, 항산화제 등을 제거해 버리고 밀가루, 설탕, 소금 그리고 식품첨가제의 사용으로 몸에 해롭다. 화학조미료에 들어가 있는 글루탐산나트륨은 두통, 무력감, 지방간 등의 이상을 일으키는 물질로 알려져 있다. 햄이나 베이컨 등에 방부제로 많이 사용되는 아질산나트륨은 체내에서 단백질과 결합해 니트로소아민을 생성하는데 이 물질은 각종 암과 빈혈, 호흡기능 악화 등을 유발하는 것으로 알려져 있다.

필요한 영양소를 모두 제거해 버린 흰쌀, 밀가루 등은 탄수화물의 비율이 높아 혈당지수를 높게 한다. 게다가 커피, 콜라, 아이스크림 등은
물론 통조림, 마요네즈 등 우
리 주변에 지나치게 당분이 함
유된 제품이 넘쳐나고 있다.
당분은 뇌의 활동에 꼭 필요한
영양 성분이지만 섭취량이 늘
어나면 오히려 뇌를 피곤하게
하며 집중력을 떨어뜨린다. 지
나친 당분 섭취는 비타민B와
칼슘 등과 같은 영양소를 빼앗아 간다. 이렇듯 지나친 당
분 섭취는 특히 성장기의 청소년의 신체 발육을 막을 뿐
만 아니라 정신적으로 폭력적으로 변한다는 연구 결과가
발표되고 있다. 그런 이유로 가공식품을 패스트푸드라는
이름 외에 정크푸드(Junk Foods)으로도 불리고 있다. 최
고의 가치를 지닌 우리 몸에 최악의 쓰레기 음식을 날마
다 채우고 있으니 당연히 건강을 잃을 수밖에 없다.

예전부터 이 땅에는 좋은 식단으로 무병장수하던 사람
들이 많았다. 히말라야산맥의 훈자 사람들, 안데스산맥의
빌카밤바 사람들, 일본 오키나와 섬사람들의 평균 수명은
현대인의 평균 수명을 훨씬 뛰어넘었다. 그 가운데 오키
나와 지역의 2000년도 통계를 보면 일본의 47개 지방

가운데 4, 50대 남자 사망률 1위, 비만율 1위를 기록하고 있다. 두부나 채소요리, 발효식품을 주로 먹던 오키나와 주민들의 식생활이 서구화의 영향으로 고지방식, 패스트푸드 등의 영향을 받았기 때문이다.

우리 식탁에서 점점 채소의 소비량이 줄고 정크푸드로 배를 채우는 일이 늘었다. 이런 잘못된 식습관은 심각한 영양의 불균형을 초래한다. 아무리 좋은 음식이라도 지나치면 부족한 것보다 못하다. 하물며 고열량의 패스트푸드로 몸을 채우면 불필요한 영양소가 지방으로 축적되고, 지방간과 고지혈증의 발병 가능성이 높아진다. 이와 반대로 채소의 섭취량이 줄어 비타민과 미량 영양소, 파이토케미컬 등이 절대적으로 부족하게 되었다.

P. 메코시(Mecocci) 박사는 나이가 들면서 일반적으로 항산화제 혈중 농도는 감소한다는 연구 결과를 발표하면서 건강한 삶을 위해서는 비타민A와 비타민E의 섭취를 늘릴 것을 권고하고 있다.[1] 특히 식물에게 발견되는 파이토케미컬은 제7 영양소로 불릴 만큼 건강한 삶에 절대적으로 필요한 항산화제로 암 예방과 면역력 등의 중요한 물질이다.

---

1) P. Mecocci. "Plasma Antioxidants and Longevity: a Study on Healthy Centenarians" 2008.

4. 비만과 건강

빌렌도르프의 비너스상을 보면서 아름답다고 할 사람은 없다. 그런데 단순히 외모만의 문제가 아니라 복부비만은 만병의 근원이 된다는 게 더 큰 문제이다. 이 때문에 세계보건기구 WHO에서는 비만은 단순히 외모의 문제가 아닌 치료가 필요한 질환으로 규정했다. 비만으로 인해 발생되는 질병으로

암, 난산과 태아 이상, 요통은 물론 심장병, 고혈압, 관절염, 통풍의 발병률이 2배 이상 증가하며, 당뇨, 고지혈증, 대사증후군 등은 3배 이상 증가하는 것으로 알려져 있다.

비만은 한 마디로 먹는 것은 많고 활동은 적어 지방이 몸에 축적이 되는 것을 의미한다. 비만의 가장 큰 원인은 불균형한 식사와 잘못된 식습관이다. 비만인 사람은 정상적인 식사량보다 많은 간식량과 햄버거, 피자, 등의 패스트푸드나 기름진 음식과 탄산음료 등을 즐겨 먹으면서 채소의 섭취는 거의 하지 않는 식습관을 가진 것으로 나타났다. 미국은 성인의 절반 이상과 어린아이 1/4 이상이 비만과 과체중인 나라이다. 식습관의 변화로 미국의 비만율은 1960년대 이후 거의 두 배에 달하고 있는데, 이 비율은 패스트푸드의 증가율과 일치하고 있다.

일본의 오키나와는 대표적인 장수촌으로 알려졌다. 인구 130만 명의 오키나와는 400여 년까지만 해도 류쿠라는 독립국가였으나 1609년 일본의 침공으로 일본에 병합되었다가 2차 세계대전 이후 미국령으로 넘어간 뒤 급속도로 급격한 식생활의 변화를 겪게 된다. 오키나와의 전통식은 고구마가 주식이었고, 두부 양파 등 채소의 섭취량도 많았다. 그러나 이런 식습관이 고기를 재료로 하는 음식이 주식이 되고 스테이크와 햄버거, 피자, 치킨 등이 식탁을 점령한 이후 4, 50대의 절반은 비만 환자가 되었으며 소아비만도 점차 늘고 있는 추세이다. 1995년 세계보건기구 WHO 사무총장까지 참석한 가운데 거행된 '세계 장수지역 선언기념비'를 세운 뒤 불과 10여 년 만에 세계 최고의 비만촌으로 전락하고 말았다.

중국도 예외 없이 패스트푸드 체인점이 상륙한 이후 10여 년 간 십대의 비만 비율이 3배가 증가했으며, 일본 역시 패스트푸드 매출이 두 배로 증가하는 사이 일본 어린이의 비만율도 두 배로 증가했다고 보고하고 있다.

소아 비만

비만은 섭취한 에너지를 소비하고 남은 영양소가 지방질로 전환되어 인체의 피하조직이나 내장 등에 축적되는 현상을 말한다. 비만 그 자체도 질병으로 여러 질환을 일으키지만, 당뇨병과 같은 대사질환과 고혈압, 동맥경화 등의 심혈관 질환의 직접적인 원인이 더 큰 문제이다. 극단적인 고도비만환자를 포함해 우리나라 성인 비만으로 인한 환자는 몇 년 사이 30배가 증가하였다.

한국인의 지방 섭취량은 총열량의 20%를 권장하고 있는데 최근 지방 섭취량이 꾸준히 늘고 있고, 특히 어린이나 청소년들의 지방섭취량이 급속도로 증가하고 있다.

성인의 비만도 문제이지만 더 심각한 문제는 소아비만이 증가하는데 있다. 성장기에는 균형 잡힌 식단, 영양의 균형을 통해 정상적인 발육이 되어야 하는데 햄버거, 피자, 치킨 등과 패스트푸드와 탄산음료 등의 지나친 섭취로 많은 성장기에 있는 아이들이 소아비만으로 이어지고 있다. 소아비만의 대부분 성인비만으로 이어지고, 성장호르몬의 분비량이 줄거나 고지혈증, 고혈압, 지방간 등의 질환이 발생할 수 있다.

파이토케미컬의 효능

1. 채소는 파이토케미컬의 보고(寶庫)다

현대인의 식탁에는 비타민과 미네랄 그리고 파이토케미컬이 부족한 정도가 아니라 아예 찾기 힘들 정도이다. 2005년 미국 농무부와 미국 보건복지국은 하루에 과일 다섯 접시에서 열세 접시를 먹을 것을 권장했지만, 통계에 의하면 남성의 82%, 여성의 72%는 채소와 과일 섭취량이 다섯 접시에 미치지 못한다.

현대인의 각종 질병, 환경오염, 증가하는 스트레스 등으로 건강에 심각한 도전을 받고 있다. 건강한 삶을 위해서는 파이토케미컬의 섭취량을 늘려야 한다. 파이토케미컬이 부족한 식단은 면역계를 약화하는 가장 큰 주범이다. 채소와 과일을 많이 섭취하는 집단은 암 발병률이 현저하게 낮을 뿐만 아니라 동맥경화, 당뇨병, 고혈압, 고지혈증 등의 생활습관병은 물론 아토피성 피부염이나 천식 등과 같은 질환이 적게 나타난다.

채소는 파이토케미컬의 보고이다. 각 채소마다 함유되

어 있는 파이토케미컬의 종류와 효과가 다양하고 효과도 다양하기 때문에 각기 다른 채소를 골고루 섭취해야 건강에도 유익하다. 양파, 양배추, 당근, 단호박에는 폴리페놀과 플라보노이드, 카로틴 등의 대표적인 파이토케미컬이 다량으로 함유되어 있어 건강에 매우 유익하다.

　파이토케미컬의 올바른 섭취는 단일 성분의 한 가지 채소보다는 양파, 양배추, 당근, 단호박과 같이 다양한 파이토케미컬의 화합물이 결합할 때 시너지 효과가 있다. 또한 채소의 섭취에서 고려해야 할 사항은 신체 내 흡수율로 생채소를 그대로 섭취하면 흡수율이 5~10%에 불과하다. 생채소는 즙을 내어도 셀룰로오스라는 섬유 성분이 세포벽을 감싸고 있어서 그대로 섭취하면 신체 내에서 잘 흡수가 되지 않는다. 그러나 채소를 잘게 썰어 열을 가하게 되면 세포벽이 부서져서 채소의 파이토케미컬이 배출되고 흡수가 용이하게 된다. 이렇게 잘게 썰고 열을 가한 후 섭취하면 80~90% 이상 흡수되는 것으로 알려져 있다.

2. 컬러푸드와 파이토케미컬

비타민, 미네랄

우리 인체가 생명과 건강을 유지하기 위해 필요한 대표적인 영양소로 탄수화물, 단백질, 지방이 있다. 이들 영양소를 3대 영양소로 불리는 데 몸의 에너지로 이용되기도 하고, 신체를 구성하는 뼈와 근육의 생성재료가 되기는 가장 기본적인 영양소이다. 여기에 비타민과 미네랄을 더하면 5대 영양소로 불리고, 그리고 식이섬유를 더하면 6대 영양소로 불린다. 비타민은 인체 내에서 성장, 소화, 감염 저항 등을 비롯한 생물학적 과정에 반드시 필요하다. 3대 영양소인 탄수화물, 단백질, 지방이 몸 안에서 영양소로 사용되게 해주는 화학반응도 비타민의 역할이다. 비타민과 미네랄은 인체 내에서 있어도 되고 없어도 되는 요소가 아니라 건강을 위해서는 절대적으로 필요하다. 그러나 현대인의 경우 비타민과 미네랄이 거의 들어있지 않은 패스트푸드의 섭취량이 꾸준히 증가하고 있고 미국의 경우 가공식품을 통해 일일 섭취 열량의 60% 이

상을 가공식품에서 얻고 있는데 가장 큰 문제가 있다. 가공식품의 증가로 식물성 식품, 즉 채소와 과일의 섭취가 감소하면 심장질환과 암 등에 걸릴 위험은 더 커질 수밖에 없다.

〈미국인의 식품 소비〉

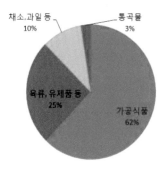

(출처: USDA Economics Research Service, 2005.)

비타민과 미네랄 등의 항산화제는 나이가 들면서 몸 안의 혈중 농도는 줄어들게 한다. 건강한 삶을 유지하는 비결은 바로 채소와 과일의 섭취를 늘려 몸 안의 항산화제의 양을 늘리는 것이다. 이탈리아에서 연구한 바에 의하면 100세 이상 장수하는 사람들에게 공통적으로 나타나는 특징은 비타민A와 비타민E의 혈중농도가 높다는 데 있다. 이 연구진들은, "분명 100세 이상이면서 건강한 사람들에게는 독특한 특징이 있다. 비타민A와 비타민E가

그들의 놀라운 장수를 보장해 준다."라고 발표했다.[2]

    컬러푸드의 장점은 바로 현대인에게 부족한 각종 비타민과 미네랄 그리고 식이섬유를 공급하는 최고의 식품원이다. 컬러푸드에는 비타민A, 비타민B군, 비타민C, 비타민E는 물론 칼슘, 칼륨, 철 등의 각종 미네랄이 풍부하게 들어 있다. 비타민과 미네랄은 신체 내의 활성산소를 제거하는 항산화제로, 암을 예방하고 노화를 방지하며 신진대사를 원활하게 하여 건강한 몸을 유지한다. 식이섬유는 신체 내 당의 흡수를 도와 당뇨병을 예방하거나 개선하며, 혈중 콜레스테롤을 조절하여 혈행 개선에 도움을 준다. 그뿐만 아니라 소장의 운동성을 촉진해 배변을 원활하게 하고 장내의 노폐물과 독소를 제거한다.

    컬러푸드에는 비타민A, 비타민B군, 비타민C, 비타민E는 물론 칼슘, 칼륨, 철 등의 각종 미네랄이 풍부하게 들어 있다.

파이토케미컬(phytochemical)

    파이토케미컬은 식물성 식품에 함유된 비영양소로 색소, 향기, 쓴맛 등의 '식물에 함유된 화학물질'이라는 의

---

2) P. Mecocci. "Plasma Antioxidants and Longevity: a Study on Healthy Centenarians" 2008.

미로 파이토케미컬이라고 부른다. 파이토케미컬은 식물이 해충과 질병, 과도한 양의 자외선으로부터 자신을 보호하기 위해 생성된다. 이 파이토케미컬로 인해 채소와 과일마다 고유의 빛깔과 맛 그리고 향이 나며, 현재까지 알려진 파이토케미컬만 해도 2,000가지가 넘는다.

대부분의 파이토케미컬은 채소, 과일 같은 식물을 통해서만 섭취가 가능하다. 파이토케미컬이 미량영양소이지만 현대인의 식단은 동물성 식품이나 가공식품으로 가득 차 있어서 절대적으로 부족한 상태이다. 대표적인 파이토케미컬로 폴리페놀과 플라보노이드, 기로틴 등이 있으며 본 채소에는 이런 파이토케미컬이 풍부하게 포함되어 있다.

미국에서 진행한 최근의 한 연구에 따르면 파이토케미컬, 특히 알파카로틴 섭취량이 늘어나면 모든 질병으로부터 사망 위험이 낮아진다는 사실을 발견했다. 알파카로틴을 많이 섭취한 사람들은 그렇지 않은 사람들에 비해 사망 위험률이 39%나 낮았으며, 심혈관 질환과 암, 그리고 다른 질병에도 연관성이 있다고 보고했다.[3]

파이토케미컬을 섭취하면 인류의 가장 큰 질병의 하나인 암을 예방하고 치료할 수 있으며, 심장질환을 예방하

---

3) Li C, Ford ES, Zhao G. Serum alpha-carotene concentrations and risk of death among U.S. adults. Arch Intern Med 2010, Nov 22.

고 치매 질환과 노화예방에 큰 효과가 있다. 또한 각종 성인병 예방과 퇴행성 질환을 예방하는데 효과를 나타내는데, 우리의 건강을 지키기 위해서는 반드시 파이토케미컬이 함유되어 있는 채소와 과일을 매일 규칙적으로 섭취해야 한다.

파이토케미컬의 3대 작용

3. 컬러푸드와 비만, 다이어트

현대인은 쉽게 비만이 되는 환경에 노출되어 있다. 많이 먹고 활동량이 적으니 비만에 걸리는 것은 당연하다. 의학 격언 중에 "적게 먹어 걸리는 병은 잘 먹으면 쉽게 낮지만, 많이 먹어 걸리는 병은 화타나 편작이 와도 고치지 못한다."라는 말이 있다.

현대인의 식단을 지배하고 있는 지방과 탄수화물 그리고 단백질은 대표적인 고열량 음식에 속한다. 지방은 1g당 9cal를, 탄수화물과 단백질은 1g 당 4cal를 내는 반면 채소, 과일 등은 열량은 거의 없는 식이섬유가 대부분이다. 식물성 음식을 많이 섭취해도 상대적으로 칼로리가 적기 때문에 비만으로 이어지지 않는다. 중국인들은 전통

적으로 식물성 음식을 많이 섭취하는 것으로 알려졌다. 한 세기 전 미국으로 이민 간 중국인들은 서구식으로 음식을 바꾸면서 비만에 굴복하고 말았지만 식물성 음식을 많이 섭취하는 농촌지역의 중국인들에게는 비만은 거의 없다.

비만으로 초래되는 대표적인 질환들

대사성질환	당뇨병, 고지혈증 호르몬 이상
순환기계	동맥경화증, 고혈압, 심장병, 뇌혈관 장애
간, 담체	지방간, 담석증
내분비계	갑상선 기능 장애, 생리불순, 부신호르몬 장애
호흡기계	천식, 호흡곤란, 수면 중 무호흡증
뼈, 관절	요통, 관절통
암	유방암, 자궁내막암, 대장암

비만은 물리적으로 인체에 악영향을 끼쳐 요통이나 무릎 통증을 유발하며, 몇 가지 암의 위험 요인으로도 알려져 있다. 특히 대장암과 유방암은 증가하는 지방섭취량과 높은 상관관계가 있는 것으로 밝혀졌다. 그리고 비만은 당뇨병, 고지혈증, 고혈압 등과 같은 생활습관병의 위험성을 높인다는 데 있다.

체중을 줄일 수 있는 해결책은 의외로 단순하다. 적당한 운동과 가공하지 않은 식물성 음식을 섭취하는 게 그

비결이다. 미국의 한 연구에서도 과체중인 사람에게 저지방 자연식품과 식물성 식품을 먹고 싶은 만큼 먹도록 하고 3주 후에 평균 8㎏이 감소한 결과가 보고되고 있다.[4] 다이어트의 시작은 섭취하는 칼로리를 줄이는 것이다.

채소에는 식이섬유를 비롯한 몸에 필요한 영양소는 많이 함유하고 있지만 칼로리는 현저하게 낮다. 그리고 지방과 단백질의 섭취는 줄이고 채소 섭취량을 늘리면 그 자체로도 이상적인 건강한 식단이 된다.

컬러푸드 양파의 퀘르세틴과 알릴설파이드 등은 지방분해에 효과를 보이며, 심장외괴 의사들이 권하는 '7일긴 체지방감소 다이어트'의 주재료인 양배추도 지방은 신속하게 분해한다. 그리고 단호박은 대표적인 저칼로리 식품이면서 체내 수분을 배출해 주고 장 활동을 원활히 하며, 신진대사를 촉진하여 비만에 큰 효과를 나타낸다.

비만 가운데 유독 한국인에 많이 발생하는 복부비만(내장형 지방비만)은 식사 개선만으로도 큰 효과가 나타나는데, 조금씩 차이는 나지만 4개월에 5㎏을 감량한 사람이 있고, 1개월에 5㎏의 감량한 사람도 보고되고 있다.

---

4) Colin Cambell.《THE CHINA STUDY》2006.

4. 컬러푸드와 항산화 작용

1. 활성산소

인간의 생명(生命)을 유지하는 산소는 인체 내에서 정상적인 대사과정에 대부분 사용되며, 에너지 생산을 위한 체내 산소대사 과정에서 부산물로서 '활성산소'(자유라디칼)가 발생한다.

활성산소는 체내에 들어온 세균이나 바이러스 등을 퇴치하거나 노폐물 처리에 사용되어 우리 몸을 지키는 것이 본래 역할이지만 체내에 활성산소의 양이 지나치게 많아지면 오히려 인체를 공격하여 몸에 이상을 일으키는 물질이 된다.

정상적인 신진대사에서도 활성산소로 일컬어지는 자유라디칼을 만든다. 활성산소는 불안전한 전자구조를 띠면서 다른 원자에서 전자를 빼앗아오는 과정에서 세포를

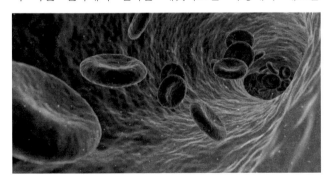

손상시킨다. 활성산소가 세포막과 핵막을 손상시키면 결국 세포핵의 DNA까지 손상되어 암을 비롯한 만성질환을 유발하게 된다. 또한 수많은 질병은 염증성으로 엄청난 양의 자유라디칼을 만든다. 신체 내에서 만들어진 활성산소는 다시 산화를 일으켜 모든 염증 질환을 포함한 질병을 발생시킨다.

활성산소는 내피세포를 손상시키면서 특히 혈관 세포를 공격하여 혈관의 탄력을 잃게 하고 혈전 생성에 작용하여 동맥경화와 협심증 등과 같은 심혈관계 질병을 증가시킨다.

무엇보다도 활성산소의 심각성은 신속하면서도 끊임없이 인체에 손상을 입힌다는 데 있다. 최근 연구를 통해 밝혀진 바에 의하면 인체의 질병 90%가 바로 활성산소에 의해 발생되며, 동맥경화, 당뇨병, 고지혈증 등의 생활습관병은 물론 암, 피부노화와 피부질환 그리고 알레르기성 질환에 이르기까지 거의 모든 질병이 활성산소가 관련되어 있다는 사실을 알아냈다.

활성산소는 암을 발생시킨다

활성산소는 세포 내 발전소라 불리는 미토콘드리아에서 에너지 대사를 일으키면서 발생하는 데 이때 여러 요인으로 활성산소가 과다하게 발생하면 인체의 세포를 공격하고, 지질과 단백질 등과 반응하여 위험한 물질 형태로 변화된다. 이 과정에서 세포는 돌연변이를 일으켜 암을 비롯한 대부분의 관절염과 심장병 등과 같은 만성질환의 원인이 된다고 밝혀졌다.

암 발생 원인으로 유전적 요인, 식생활, 환경적 요인 등 여러 가지를 꼽고 있지만 1994년 5월 일본 암센터와 대학 공동연구를 통해 활성산소가 발암에 깊이 관련이 있다는 학계에 보고된 이후 암 예방과 치료에 많은 영향을 끼치고 있다.

해로운 활성산소는 세포 내의 단백질과 유전자를 공격하여 손상을 입히고 돌연변이를 일으켜, 암 발생을 유도한다. 그리고 면역계를 교란하여 비정상적인 유전자 발현을 유도하고 신호전달과정을 변화시켜서 신체 내에 세포 증식을 증가시킨다. 암 발생을 줄이려는 노력은 바로 신체 내 활성산소를 줄여야 한다는 의미가 된다.

활성산소는 혈류 장애(심근경색, 뇌졸중, 동맥경화)를 발생한다

2008년 통계청 자료에 따르면 한국인 사망원인 2위와 3위가 바로 뇌혈관질환과 심혈관질환이다. 혈류장애는 혈관이 좁아지거나 혈액이 탁해져서 발생하게 되는데, 이 두 가지 원인 물질이 바로 활성산소이다. 혈관 내에서 세

포를 싸고 있는 세포막이 활성산소에 의해서 산화되어 과산화지질이 되고, 혈전을 형성하면서 관상동맥을 비롯한 혈관이 좁아지거나 막히면 심근경색이나 뇌동맥이 발생한다.

2. 활성산소의 제거

이처럼 인체에 심각한 질병을 발생시키는 활성산소를 제거할 방법은 없을까? 우리 몸에서 활성산소가 만들어지듯이 건강한 인체는 활성산소를 중화하거나 제거하는 항산하제도 만들어진다. 대표적인 것으로 인체 내 방어기선인 효소로 활성산소를 과산화수소와 산소로 분해한다. 그 외에도 글루타티온 등과 같은 항산화제가 생성되기는 하지만 수없이 생성되는 활성산소를 제거하기 위해서는 음식과 같이 외부로부터 흡수해야 한다.

인체에 심각한 질병을 발생시키는 활성산소를 제거할 방법은 없을까? 항산화제는 인체 내의 활성산소를 중화할 수 있는 강력한 힘이 있는데, 채소에 함유된 파이토케미컬은 수천 가지가 넘으며 특히 채소에는 파이토케미컬의 보고라고 불릴만 하다. 항산화 효과를 갖는 물질은 비타민A, C, E, 셀레늄 등이 대표적이지만 채소에 함유된 파이토케미컬은 이보다 수 십 배 강력한 효과를 나타낸다.

노화가 진행하면서 인간의 항산화력은 20, 30대에 정점을 찍고 나이를 먹을수록 점점 떨어진다. 건강한 삶이란 바로 항산화력을 높이는 것이며, 특히 양파, 양배추, 호박, 당근 등으로 만든 컬러푸드에는 파이토케미컬이 풍부하게 함유되어 있어 항산화력을 높일 수 있다.

항산화작용이 가장 강한 뛰어난 채소는 비트, 시금치, 브로콜리, 양배추, 당근 등으로 비교적 저렴한 것들이다.

건강(컬러푸드) 인생공부

컬러푸드로 건강을 지켜라

———

PART 02

RED FOOD-석류

석류의 역사

"생명의 과일", "지혜의 과일"로 알려진 석류. 세기의 미인이라 일컫는 이집트의 클레오파트라와 중국의 양귀비에 이르기까지 미인의 젊음을 유지하는 열매였다.

석류는 원산지는 페르시아로 불리던 이란을 중심으로 한 아시아 서남부와 인도 북서부 지역이다. 이란 여성들은 건강한 피부와 갱년기 장애를 거의 겪지 않는 것으로 알려져 있는데, 이란에서는 석류를 "갱년기 여성에게 제2

의 생명을 주는 과일"로 부르고 있다. 이란에서 석류는 주스로, 각종 요리의 재료로 사용하고 있으며, 터키 또한 석류를 대단위로 재배하고 석류 농축액 석류 분말 등 석류 관련 제품 등을 많이 제조 판매하고 있다. 터키 어느 곳에서나 관광객을 상대로 가게나 길거리에서 석류 주스를 직접 짜내어 파는 모습을 쉽게 볼 수 있다.

석류에는 당질, 필수 아미노산, 칼륨, 각종 비타민류, 파이토케미컬 그리고 여성 호르몬인 식물성 에스트로겐이 다량 함유되어 있어서 갱년기 질환을 치료하고 완화시키며, 스테미너를 증강시켜 인체의 자연 치유력을 높여준다.

석류의 명칭은 중국에서는 안석국(安石國)으로 불렀고, 이 나라에서 자라는 나무라는 의미로 안석류(安石榴)라고 불리다가 나중에 석류(石榴)로 불리게 되었다. 고대 페르시아에서는 기원 전 522년 아케메네스조의 대왕 다리우스 1세가 궁전을 건립할 때 석류나무의 꽃과 잎을 디자인하여 궁전을 세웠고, 왕 자신도 석류로 디자인한 의복과 장신구로 사용할 만큼 석류는 왕의 열매, 번영의 열매로 사랑받았다. 고대 이집트의 피라미드 벽화에 석류가 새겨져 있는데, 이집트에서는 석류의 치유 효과를 높이 평가했으며, 석류를 부활을 상징하는 열매로 보고 죽은 이를 매장할 때 함께 묻기도 했다.

　이스라엘에서는 구약성경에 석류에 대해서 약 30여 차례 언급되어 있다. 민수기 20장 2~5절에서는 노예 생활에서 먹었던 석류를 광야에서 더 이상 먹지 못해 불평한다. "무화과도 없고 포도도 없고 석류도 없고". 뿐만 아니라 구약 시대 제사장이 입는 특별한 예복 가장자리에 석류를 수 놓음으로서 풍성한 결실을 상징적으로 사용하기도 했다(출애굽기 39장).

　고대 인도에서는 석류를 수 천 년 동안 전통적인 약제로 사용했다. 고대 의학서인 《아유르베다》에 의하면 "석류는 산미가 있으며, 그 효능으로서는 온열성으로서 소화를 도와 식욕을 북돋우며 정신을 맑게 한다."라고 기록되어 있다. 실제로 설사와 이질 치료, 장내 기생충 구제의 치료제는 물론 장염, 급만성 기관지염 등의 치료제로 사용되었다.

　중국으로 전래된 것은 기원전 3세기 한무제 사신으로 대하(아프가니스탄인)로 사신으로 갔던 장건이 현지 페르시아산 석류를 가져와 보급시킨 것으로 알려진다. 한반도에는 8세기께 중국에서 들어온 것으로 보이며, 페르시아나 이집트처럼 다산(多産)과 풍요로움을 기원하는 의미로 석류 무늬를 장식하기도 했다.

그리스에서는 "카르타고의 사과"로 불렸는데 유럽에서
는 비교적 오래전부터 재배되었다. 지중해 연안을 중심으
로 16세기 스페인에서 본격적으로 재배가 되었으며, 그
이후 멕시코와 미국을 비롯한 아메리카 대륙으로 전파되
었다.

석류와 건강

미(美)의 호르몬, 에스트로겐

현대인의 생각을 반영하는 대표적인 키워드는 웰빙(well-being)과 힐링(healing)일 것이다. 이제는 오래 사는 것이 삶의 목적이 아니라 몸과 마음이 건강한 행복한 삶을 꿈꾸고 있다.

사춘기

우리 신체는 크게 두 번 변화의 시기를 맞는다. 첫 번째는 오랜 시간에 걸쳐 어린이가 어른으로 성장하는 변화는 '사춘기'가 있다. 사춘기에는 제2차 성징으로 나타나는 신체의 변화와 스스로 어떤 일을 해나가려는 독립심 발달과 같은 마음의 변화가 있다. 사춘기에는 호르몬의 양과 분비가 급증한다. 호르몬이 '활동을 일으킨다'라는 의미를 가진 그리스어에서 유래되었듯이 신체 내에서 많은 변화를 일으킨다.

대표적인 호르몬과 그 작용은,
1) 뇌하수체의 성장호르몬과 성선자극호르몬: 뼈의 성

장, 몸의 생장 등

2) 갑상선의 갑상선 호르몬: 신진대사 속도 조절, 혈액의 칼슘량 조절 등

3) 부신의 아드레날린: 혈당량 조절, 칼륨과 나트륨 조절 등

4) 난소, 고환의 여성, 남성호르몬: 남성과 여성의 2차 성징, 남성과 여성의 생식기능 조절, 수정란 착상과 배란에 관여 등이 있다.

노화-신체기능저하

나이를 먹는다는 것은 신체 내에서 노화가 진행되고 있다는 말과 동일하다. 노화는 시간의 흐름대로 신체 기능이 퇴화하는 과정으로 내부적 요인과 환경적인 영향을

받는 외부적 요인으로 구별한다. 내부적 요인으로는 우리 몸 안에 생체 시계가 있어서 정해진 시간표대로 신체의 성장과 발달과 노화가 진행한다고 보는 것이다. 외부적 요인은 주위 환경의 영향으로 인해 신체 각 기관이 손상을 입고 점차적으로 퇴화하여 제 기능을 잃어가는 것을 말한다.

신체는 질병으로부터 몸을 보호하는 자생력을 가지고 있지만 나이가 들면서 저항성을 잃게 되고 스트레스와 같은 외부 요인을 이기지 못하고 쉽게 질병으로 이어지기도 한다. 예를 들어 퇴행성 질병으로 불리는 심혈관질환을 비롯한 암 그리고 노인성 질환인 치매 등은 순수한 의미의 노화로 볼 수 없다. 그런 의미에서 노화는 질병과 구별하여 신체의 각 부위들의 기능이 저하되는 것을 의미한다. 각 세포의 단백질 합성 능력이 감소하고, 면역 기능도 저하되며 근육의 양은 적어지고 근력은 감소한다. 그리고 얼굴과 팔다리를 등의 지방은 줄어들고 복부 등의 체내의 지방 성분은 증가하며 골밀도가 감소하여 뼈가 약해진다.

노화-근육양 감소

노화가 진행되면 신체의 근육이 줄어든다. 한 연구에 의하면 40세 이후 해마다 1% 이상씩 감소하여 80세가 되면 최대 근육량의 50% 수준이 된다고 한다. 근육량은 인간의 수명과도 관련이 있는데, 미국 캘리포니아 대학 피셔 교수는 "근육이 없는 노인의 사망률이 유독 높다."고 발표했다. 퇴행성 질환을 겪더라도 근육량이 적은 노인의 사망률이 훨씬 높게 나타났다.[5]

노화-호르몬의 감소

노화의 또 다른 특징으로는 호르몬의 감소이다. 호르몬의 감소는 남성보다는 여성에서 두드러지게 나타나는 현상인데, 대표적인 여성 호르몬인 에스트로겐과 프로게스테론이 급격하게 줄거나 균형이 깨지면서 몸이 열이 오르고, 얼굴이 붉게 변하고(안면홍조), 가슴이 두근거리고, 마음이 불안한 이른 바 '갱년기 증상'으로 나타난다.

에스트로겐, 프로게스테론

대표적 여성 호르몬인 에스트로겐은 사춘기 이후에 많은 양이 분비되어 여성의 성적 활동에 많은 영향을 끼친다. 사춘기에 일어나는 여성의 2차 성징의 원인이 되어 가슴을 나오게 하고 성기를 성숙하게 하며 몸매에도 영

---

5) 〈노인 근육 감소, '자연스러운 노화' 아닌 질병〉.
http://health.chosun.com/site/data/html_dir/2013/03/26/20130326
01254.html

향을 끼친다. 이 에스테로겐을 '미(美)의 호르몬'으로도 불리는데 피부나 머리카락의 신진대사를 촉진시켜 탄력을 유지시키고, 성장기에 가슴을 풍만하게 하며, 여성스런 몸매를 유지시키기에 이런 별칭이 붙여졌다. 또한 여포자극호르몬(FSH), 황체형성호르몬(LH), 프로게스테론과 함께 작용하여 자궁벽의 두께를 조절하고 배란에 관여한다. 여성이 폐경기에 나타나는 갱년기 장애의 주원인이 에스트로겐 부족으로 나타나며 갱년기 장애에 대한 호르몬 요법으로 사용된다. 에스트로겐은 여성의 성기능 향상과 항 유방암 그리고 남성의 전립선암 세포 증식을 억제하는 역할을 한다.

석류-식물성 에스트로겐의 보고(寶庫)

석류 속에는 인체에서 분비되는 여성 호르몬과 구조가 거의 동일한 식물성 에스트로겐이 $1kg$당 $10{\sim}18mg$이 함유되어 있으며, 이 에스트로겐은 인체 내 호르몬과 거의 유사하여 흡수에 용이하고 신진대사에서 사용되고 남은 호르몬은 몸 밖으로 배출되어 상대적으로 안전한 것으로 알려져 있다.

석류의 효능

1. 갱년기 장애 개선

　노화가 진행되면서 40세를 전후로 하여 에스트로겐의 분비는 급속도로 줄어들면서 피부의 탄력이 떨어지고 생식 기능이 저하되는 등 아름다운 여성성을 점차 잃어가게 된다. 뿐만 아니라 안면홍조, 심혈관질환의 증가, 우울감, 신경과민, 수면 장애, 근육과 관절의 약화 등으로 나타나면서 폐경기로 이어진다. 이를 개선하기 위해 에스트로겐 화학요법을 사용하지만 에스트로겐이 과다 투여 시 유방암의 발병률이 높아지는 등의 부작용이 보고되고 있다.

갱년기에 나타나는 증상

급성증상	안면홍조, 불면증 불안초조, 기억력 감퇴
만성증상	질위축, 성욕감퇴, 요도증후군 심장질환, 골다공증

석류 속에는 인체에서 분비되는 여성 호르몬과 구조가 거의 동일한 천연 식물성 에스트로겐이 1kg당 10~18mg이 함유되어 있으며, 이 에스트로겐은 인체 내 호르몬과 거의 유사하여 흡수에 용이하고 신진대사에서 사용되고 남은 호르몬은 몸 밖으로 배출되어 상대적으로 안전한 것으로 알려져 있다.

석류를 꾸준하게 섭취하면 여성의 생리기능과 콜라겐의 합성을 촉진하여 건강하고 아름다운 피부를 유지하게 된다. 따라서 20~30대에는 더욱 건강하고 여성으로, 여성 호르몬이 감소하는 40~50대에는 폐경기 증상 완화로 안면홍조, 불면증, 기억력 감퇴, 골다공증 등을 예방할 수 있다.

2. 피부노화방지

피부는 몸의 가장 바깥에서 체내의 수분, 전해질, 단백질의 소실을 막아준다. 그리고 체온 조절, 피부의 감각기능, 면역 기능 등 여러 역할을 감당하는 인체의 중요한 기관이다. 게다가 여성은 물론 남성들에게 피부는 미용적 호감과 아름다움을 평가하는 기준이 되기도 한다.

피부노화는 크게 세월이 흐름에 따라 나타나는 내인성 노화와 햇빛과 같은 환경요인에 의해 발생하는 외인성 노화가 있다. 내인성 노화는 인체의 신진대사과정에서 발생하는 활성산소에 의한 세포 손상이라면, 외인성 노화는 자외선에 노출되어 피부에 활성산소가 발생하는데 차이가 있다. 그 외의 요인으로 흡연, 약물중독 그리고 폐경 등이 있다.

건강한 피부의 진피층에는 콜라겐과 엘라스틴이 다량 존재하여 피부의 탄력성을 유지하며, 히알루론산은 보습 성분으로 피부의 촉촉함을 유지하게 한다. 그러나 나이가 들면서 미(美)의 호르몬인 에스트로겐 분비가 줄면 콜라겐, 엘라스틴, 히알루론산의 양도 줄고, 동시에 피부노화도 진행하게 된다. 콜라겐은 우리의 세포들을 연결해 주는 조직으로 피부뿐만 아니라 관절, 연골, 뼈, 내장, 혈관 등에 존재하는 중요한 물질이다. 최근에는 여성들이 사용하는 화장품에 비타민C가 함유되어 있는데 바르는 비타민C는 처진 피부나 주름에 효과가 있으며, 혈액 순환을 활발하게 하여 피부 재생력을 높여준다. 석류의 함유된 나이아신은 피부 보습 효능이 뛰어난 물질로 비타민C와 함께 피부를 보호하고 재생하는 효과를 보인다. 석류의 나이아신을 이용하여 천연화장품을 생산한다.

석류는 성장과정에서 강력한 햇빛과 자외선으로부터 자신을 보호하는 강력한 항산화 물질을 생성하는데 석류의 열매, 씨앗 등에 풍부하게 들어 있다. 이 안토시아닌은 인체 내에서 대사과정에서 발생하는 활성산소를 제거함은 물론 자외선으로 손상된 피부를 재생한다. 석류에 들어 있는 안토시아닌은 안토시아닌의 보고라고 알려진 녹차의 4배, 포도의 10배나 많은 양이다.

일반적으로 45세 전후에 폐경이 시작되면 에스트로겐의 양이 급속히 줄고 동시에 피부노화도 빠르게 진행된다. 에스트로겐이 피부의 원활한 신진대사와 진피층의 풍부한 콜라겐 생성작용으로 주름생성을 예방하며 매끄럽고 탄력 있는 피부를 유지하기 때문이다. 서양에서는 화합성 에스트로겐 보충요법을 통해 내인성 피부 노화를 저지하거나 회복시키기도 하지만, 화합성 에스트로겐은 유방암 발병률을 높이는 등 부작용이 발생하는 것으로 보고되고 있다. 그러나 석류에 함유된 천연 식물성 에스트로겐은 과다 투여 시 몸에 축적되지 않고 몸 밖으로 배출되어

비교적 안전한 것으로 알려져 있다. 스웨덴, 영국 등의 선진국에서는 여성 호르몬 대체요법의 하나로 석류가 널리 이용되고 있기도 하다.

3. 다이어트, 식욕억제

여성은 아름다움을 위해, 남성은 건강을 위해 한국은 다이어트 열풍이다. 연예인이 다이어트 프로그램을 선보이면 뒤따라 ○○다이어트 열풍이 부는 게 현실이다.

한국인의 지방 섭취량은 총 열량의 20%를 권장하고 있는데 최근 지방 섭취량이 꾸준히 늘고 있고, 특히 어린이나 청소년들의 지방섭취량이 급속도로 증가하고 있다.

성인의 비만도 문제이지만 더 심각한 문제는 소아비만이 증가하는 데 있다. 성장기에는 균형 잡힌 식단, 영양의 균형을 통해 정상적인 발육이 되어야 한다. 그러나 햄버거, 피자, 치킨 등과 패스트푸드와 탄산음료 등의 지나친 섭취로 많은 성장기에 있는 아이들이 소아비만으로 이어지고 있다. 소아 비만의 대부분은 성인 비만으로 이어지고, 성장호르몬의 분비량이 줄거나 고지혈증, 고혈압, 지방간 등의 질환으로 이어진다. 현재 미국에서 비만은 흡연보다 국민보건에 더 심각한 문제로 부상한 상태다.

현재 미국인의 61%가 과체중이고, 그 가운데 27%가 비만 환자로 분류된다.

석류는 비만 예방과 다이어트에 도움이 되는 성분이 함유되어 있다. 석류에는 1kg당 17mg 정도의 천연 식물성 에스트로겐이 함유되어 있는데, 이 식물성 에스트로겐은 비만 예방과 다이어트에 도움을 준다. 인체 내에서 에스트로겐은 신진대사를 원활하게 하여 지방과 탄수화물의 소비를 활발하게 하고, 몸 안의 노폐물을 배출하므로 체중이 줄어든다.

석류가 갱년기 장애, 생리 불순 그리고 비만 등에 효과를 나타내는데, 이는 식물성 생약 성분을 갖기 때문이다. 동신대학교 전병관 교수 연구팀은 석류와 석류 씨가 비만에 효과가 있음을 동물실험 통해 밝혀냈다. 이 실험은 일반사료를 먹인 정상군, 고지방식 식이 사료를 먹인 대조군, 그리고 고지방식 식이 사료와 함께 석류 추출물을 먹인 A, B, C군으로 구분하여 7주 동안 진행할 결과, 고지방 식이사료와 석류 추출물을 먹은 실험군은 고지방 식이사료만 먹인 대조군에 비해 체중 증가율이 절반 정도 그쳤다. 뿐만아니라 비만지수로 활용되는 혈청의 LDL-콜레스테롤 함량을 측정한 결과에서도 월등히 감소했다.[6]

---

6) 〈석류가 뇌혈류 및 비만에 미치는 실험적 효과〉 전병관, 정현우. 동신대학교. 한국식품영양학회지 2007.

4. 항암, 유방암, 전립선암

지난 10년 간 석류는 항산화, 항암, 소염효과가 뛰어나다는 수많은 논문이 발표되었다. 초기 연구의 초점은 암, 심혈관질환, 당뇨병, 피부 손상의 치료 등에 맞춰져 있었다. 그 이후 항에스트로겐, 항암성과 관련하여 폐경기 여성의 유방암과 갱년기 남성의 전립선암의 예방과 관련된 연구가 계속되고 있다.

유방암

유방암은 모든 암 가운데서도 가장 연구가 많이 된 암 중의 하나이지만 아직까지 명확하게 밝혀지지 않았다. 그 가운데 중요 요인으로는 여성 호르몬인 에스트로겐이 발암과정에 중요한 역할을 한다는 데 의견 일치를 보고 있다.

인체 내에서 분비되는 에스트로겐은 유방세포를 자극하여 유방암 발생 위험을 높인다. 선진국으로 갈수록 초경이 빨라지고 있는데 이는 영양과다와 운동부족이 원인이다. 초경이 일찍 오거나 폐경 시기가 늦게 오면 그만큼 에스트로겐에 노출되어 유방암 발생 위험이 높아지게 된다. 초경이 12살에 시작하는 경우 14살에 비해 발암 위험성이 1.2배나 높다고 알려져 있다. 빠른 초경의 경우

유방 내막세포의 증식률이 높아지기 때문이다.

비만의 경우 상대적으로 지방조직에서 순환 에스트로겐의 농도가 높아지기 때문에 유방암의 위험도가 그만큼 증가하게 된다.[7] 그 외에도 과도한 영양 및 지방 섭취, 유전적 요인, 장기간의 피임약 복용, 여성 호르몬제의 장기간 투여 등도 원인으로 보고 있다.[8]

이에 대해 석류는 진행성 유방암을 예방하고 발생 위험을 낮추는 데 도움을 준다는 연구결과가 있다. 미국 캘리포니아 대학 리버사이드캠퍼스 생물학신경과학부의 애나 로차 박사 연구팀은 학술지널 《유방암 연구 및 치료》(Breast Cancer Research and Treatment) 10월호에 〈석류 주스와 특정 함유 성분들이 유방암 전이에 중요한 세포 및 분자과정을 억제하는 데 나타낸 효과〉라는 제목

7) 〈석류의 phytoestrogen 및 항암 활성 성분〉 송방호 외. 경북대학교 생물교육과. 2007.
8) 한국유방암학회 http://www.kbcs.or.kr

으로 발표했다.

로차 박사팀은 석류에 함유된 루테올린(luteolin)과 엘라직 산(ellagic acid), 퓨니식 산(punicic acid) 등이 (유방) 암세포들의 점착성을 높여 이동성을 감소시켜 주었을 뿐만 아니라 암의 진행을 예방하는 용도로도 유용하고, 또한 독성을 띄지 않는 치료 대안으로 사용이 가능하며, 기존의 선택적 에스트로겐 수용체 조절제 타입의 유방암 예방·치료제들에 병용하는 보조요법제 등으로 유용하게 사용될 수 있을 것이라 기대된다고 결론지었다.[9]

E. P 랭스키 박사에 의하면 석류에는 50여 종 이상의 강력한 항산화 물질, 그리고 천연 식물성 에스트로겐은 물론 항에스트로겐과 항암성분이 함유되어 있어서 유방암 예방과 개선에 효능을 나타낸다고 보고했다.[10]

전립선암

전립선암의 주요 발병원인으로 유전적 요인 외에 호르몬, 식이습관 등이 있다. 동물성 지방 섭취량의 증가는 전립선암과 증가시키는 것으로 알려져 있는데 서양에서는 가장 흔한 암이다. 최근에는 국내에서도 급격히 증가하고

---

9) 약업신문 2012-10-22.
   http://www.yakup.com/news/?mode=view&cat=15&nid=157018
10) 〈석류의 phytoestrogen 및 항암 활성 성분〉 송방호 외. 경북대학교 생물교육과. 2007.

있는 추세이다. 동물성 지방은 전립선암을 유발하는 가장 유력한 위험 인자이기에 동물성 지방의 섭취량을 줄이고 저지방과 고섬유질 식습관을 갖도록 노력해야 한다.

석류 주스를 꾸준히 마시면 전립선암 진행을 늦추는 것으로 나타났다. 미국 캘리포니아 주립대학교 존슨 암센터 연구팀은 전립선암 치료를 받은 환자 50명에게 하루 230mL씩 석류 주스를 마시도록 한 결과, 환자들이 전립선암에 걸렸을 때 나타나는 단백질인 전립선특이항원(PSA)의 혈액 내 수치가 배로 증가하는데 더 많은 시간이 걸렸다고 전했다. PSA 배증 시간이 짧으면 전립선암으로 사망할 가능성이 더 크다.

이 연구에서, 매일 230mL의 석류 주스를 마실 때는 PSA 배증 시간이 평균 54개월이었으나, 이 주스를 마시기 전에는 배증 시간이 평균 15개월이었다. 석류 주스를 마신 후 큰 부작용은 보고되지 않았다. 논문 주요 저자인 존슨 암센터 비뇨기학자 앨런 팬틱(A. Pantuck) 박사는 "이는 아주 큰 차이로, 얼마나 빨리 암이 성장하는지 보여주는 지표"라고 말했다. 전문가들은 석류에 함유된 안토시아닌, 탄닌 같은 항산화 성분이 염증을 없애거나 암을 예방과 치료하는 데 효과가 있는 것으로 보고 있다.[11]

5. 골다공증

골다공증은 연령이 높아질수록 칼슘 흡수율이 떨어지고, 여성들의 폐경기를 전후해서 골밀도가 떨어지는 것을 말한다. 40세를 전후로 하여 에스트로겐의 분비가 급속도로 줄어들면서 피부의 탄력이 떨어지고 생식 기능이 저하되는 등 아름다운 여성성을 점차 잃어가게 된다. 뿐만 아니라 안면홍조, 심혈관질환의 증가, 우울감, 신경과민, 수면 장애, 근육과 관절의 약화 등으로 나타난다.

골밀도를 높이기 위해서는 평상시에 균형 잡힌 식습관과 적당한 운동, 여성 호르몬인 에스트로겐의 분비가 중요한 요소이다.

그러나 더 이상 골다공증이 노인과 폐경기의 여성들만의 질환이 아니다. 2004년도 국내의 한 대학병원에서 국제학술지에 게재한 '성인 남성의 골다공증 유병율 조사'에 따르면 한국 남성의 골감소증 유병율을 약 30~50%로 높게 나타났다. 특히 남성의 골다공증 위험은 고연령, 흡연, 성장 호르몬의 결핍 등과 관련이 높다고 설명했다.

최근의 골다공증은 육류 섭취는 증가하지만 채소의 섭취량은 점점 감소해가는 식습관과 상당한 관계가 있다.

---

11) 〈석류의 phytoestrogen 및 항암 활성 성분〉 송방호 외. 경북대학교 생물교육과. 2007.

연령이 높아질수록 칼슘 흡수율은 떨어지고 골밀도는 낮아지기 때문에 젊었을 때부터 튼튼한 골밀도를 유지하는 것이 골다공증을 예방하는 비결이다. 골밀도를 올리기 위해서는 균형 잡힌 식사와 적당한 운동을 꾸준히 하는 것이 필요하다.

석류의 식물성 에스트로겐은 여성의 생리기능에 도움을 주며, 콜라겐의 합성을 촉진하여 피부의 노화를 지연시킨다. 따라서 20~30대에는 피부 미용에 도움을 주고, 여성 호르몬이 감소하는 40~50대에는 폐경기 증성과 골다공증 등을 예방할 수 있다. 특히 식물성 에스트로겐은 석류의 씨앗을 싸고 있는 막에 많이 함유되어 있어서 과육과 씨를 함께 먹는 것이 좋다.

폐경기의 에스트로겐 부족은 뼈 신진대사의 활성화 빈도를 증가시켜 골질(骨質)의 이탈을 촉진시킨다. 에스트로겐은 골아세포의 인터루킨 합성을 억제하고, 인터루킨-6의 활동을 막아 골밀도를 유지시킨다.

일본의 세이타마 현립 대학교(Saitama Prefectural University) 모리 오카모토 박사와 그 연구팀은, 석류에 함유된 세로토닌과 식물성 에스트로겐이 우울증과 골다공증 개선에 효과를 보인다고 보고했다. 동물실험에서 우울

증이 개선되고, 골밀도도 석류 추출물을 먹인 실험동물에서 유의할만큼 증가된 것으로 확인되었다.[12]

고려대학교 의과대학 산부인과와 가정의학교실은 2008년 5월부터 9월까지 고려대학교 병원을 방문한 폐경 여성 환자를 112명을 대상으로 임상실험을 진행했다. 석류원액 20ml가 포함된 100ml의 시험약물을 투여한 결과 석류 농축액은 안면홍조, 불면증, 신경과민, 가슴 두근거림과 같은 폐경 증상에 대하여 유의한 효과가 있었다. 폐경 증상은 신체 내 에스트로겐의 부족으로 발생되는 것으로 석류 농축액에 함유된 에스트로겐과 테스토스테론, 베타시토스테롤 등이 폐경 증상을 완하시킨다는 사실을 증명한 것이다.[13]

6. 심혈관질환

전 세계 사망원인 1위, 국내 사망원인 2위인 심혈관질환은 남성은 40~50대부터, 여성은 50대부터 발병률이

---

12) Mori-Okamoto J. 〈Pomegranate extract improves a depressive state and bone propertiesin menopausal syndrome model ovariectomized mice〉 Journal of Ethnopharmacology 92 (2004) 93-101

13) 〈여성의 갱년기 증상에 대한 석류농축액의 유효성 및 안전성을 평가하기 위한 단일 기관, 무작위 배정, 이중맹검, 위약대조군 임상시험〉 고려대학교 의과대학 산부인과학교실, 가정의학교실. 대한폐경학회 제16권 제2호 2010.

높게 나타난다. 심혈관질환의 원인으로는 햄버거, 피자와 같은 패스트푸드의 섭취로 인한 영양의 불균형, 고지방식으로 대표되는 서구화된 식습관, 고령인구의 증가, 운동부족과 고혈압, 당뇨, 비만 그리고 흡연 등이 그 원인이다.

대표적인 심혈관질환 가운데 하나인 심장마비와 뇌졸중을 예전에는 노인성 질환으로 생각하는 경향이 있었다. 그러나 2002년 대한뇌졸중학회에서 발표한 자료에 의하면 경제적 활동이 가장 왕성할 나이인 40~50대의 환자가 전체 환자 중에서 27%를 차지할 정도 중년에게도 위험한 질환이다. 뇌졸중 환자 중 10명 중 약 3명이 40~50대에 발생하고 있다.

1950년 한국전쟁의 당시 군의관들이 전쟁 시 사망한

군인 300여 명의 심장을 조사한 결과를 발표했다. 평균 나이 22세인 군인들의 시신을 부검하여 관찰한 결과 77%가 이미 동맥경화가 진행되었다는 것이 밝혀졌다. 다시 말하면 동맥경화는 더이상 노인성 질환이 아닌 모든 사람이 걸릴 수 있는 질병임을 말해주는 것이다.

뇌졸중 발생의 원인으로 고혈압을 꼽고 있다. 특히 고혈압 환자가 잘못된 식생활로 인해 신체 전체의 동맥 안에 혈전이 생겨 지방질이 축적되어 혈관이 좁아지면 뇌졸중의 위험은 더욱 커진다. 또한 흡연도 중요한 발병 원인 중에 하나이다. 니코틴이 혈관을 수축시켜 동맥경화를 유발하여 뇌졸중의 위험을 크게 높인다. 이 밖에도 당뇨와 관상 동맥 질환, 과음 등도 중요 위험 요인이다.

뇌졸중을 예방할 수 있는 방법으로 지속적인 운동으로 건강한 생활습관을 유지하고, 과일과 채소를 꾸준히 섭취할 것을 권하고 있다. 미국 하버드 대학이 미국의학협회지에 발표한 연구 보고서에서 하루에 채소와 과일을 평균 5회 이상 섭취한 사람은 3회 미만으로 섭취한 사람보다 뇌졸중의 위험이 약 30% 낮은 것으로 나타났다. 과일과 채소에는 항산화제인 비타민C와 베타카로틴 등이 풍부하게 함유되어 있기 때문이다.

석류에는 특히 페놀성 화합물인 폴리페놀이 많이 들어

있다. 이스라엘에서 석류 연구로 유명한 람반 의료센터 마이클 아비람(Michael Aviram) 교수에 의하면 석류에 들어 있는 폴리페놀의 함량은 0.2 %~1.0%에 달한다. 페놀성 화합물인 폴리페놀은 항산화 물질은 안토시아닌과 카테킨, 엘라직 산, 탄닌 등으로 존재하며 강력한 항산화 능력으로 동맥경화 방지에 탁월한 효과를 보인다고 발표했다. 동맥경화를 유발한 실험용 쥐에게 2개월 동안 석류 주스를 투여한 결과 혈액 내 LDL-콜레스테롤이 감소하고 동맥경화의 예방과 치료에 유의한 효과가 있다고 발표했다.[14]

7. 임산부와 불임 개선

대표적 여성 호르몬인 에스트로겐은 사춘기 이후에 많은 양이 분비되어 여성의 성적 활동에 많은 영향을 끼친다. 사춘기에 일어나는 여성의 2차 성징의 원인이 되어 가슴을 나오게 하고 성기를 성숙하게 하며 몸매에도 영향을 끼친다. 이 에스테로겐을 '미(美)의 호르몬'으로도 불리는데 피부나 머리카락의 신진대사를 촉진시켜 탄력을 유지시키고, 성장기에 가슴을 풍만하게 하며, 여성스런

---

14) 〈Pomegranate Protection against Cardiovascular Diseases〉 Michael Aviram and Mira Rosenblat.

몸매를 유지시켜서 이런 별칭이 붙여졌다. 또한 여포자극호르몬(FSH)인 에스트로겐과 황체형성호르몬(LH)인 프로게스테론과 함께 작용하여 자궁벽의 두께를 조절하고 배란에 관여한다.

석류는 불임(不姙)과 난임에도 유의한 효과를 나타낸다. 에스트로겐의 여성의 성기능 향상과 난포의 발달에 직접적으로 영향을 미치는데, 석류의 섭취로 에스트로겐의 분비가 증가함으로 난자의 발달 촉진으로 인한 배란을 유도한다. 특히 석류는 임신이 잘 안되는 여성에게 풍부한 에스트로겐을 공급함으로 수태율을 높인다는 보고가 있다. 이란 여성들 중 불임 여성이 세계적으로 적은 것이 바로 석류 때문이라는 것이 증명하고 있다.

대표적인 남성 호르몬인 테스토스테론은 남성의 성기능, 즉 정자 형성과 부고환의 발달, 발기 등에 직접적인 작용을 하는데 석류를 섭취하면 테스토스테론의 혈청 내 함량이 증가하는 것으로 알려져 있다. 또한 석류에는 폴리페놀의 함량이 0.2%~1.0%에 달하는데, 폴리페놀이 전립선으로 가는 혈액순환을 도와 성기능 개선 효과를 나타내며, 건강한 정자 생산에 유의한 효과가 있다.

이집트의 동물생산 연구소(Animal Production Research Institute) 아말 M. 파예드 연구팀은 토끼를 이용하여 석류가 정자 생산능력과 정자의 운동성에 대한 연구를 진행하였다. 8주 동안 진행된 이 연구 결과 석류 추출을 먹인 토끼와 그렇지 않은 토끼에 비해 정액의 양, 정자의 활동성 등에서 유의한 결과로 나타났다.

8. 스테미나, 성기능 개선

사람의 평균 수명이 연장됨에 따라 성기능의 쇠퇴와 이에 다른 관심은 당연한 현상이다. 남성의 성기능 저하는 성호르몬의 작용 부전에 의해서 일어나는데 그 이유로 여러 가지 환경요인, 환경으로부디 유입되는 항-님싱호르몬 물질, 식물성 여성 호르몬 그리고 사회생활의 다양화에 따른 스트레스의 증가로 급격히 저하되고 있다.

석류에 함유된 폴리페놀은 강력한 항산화 물질로, 전립선으로 가는 혈액순환을 도와 소변이 잘 나오고 성기능 개선에 도움이 된다. 폴리페놀이 많이 함유된 것으로 알려진 적포도주, 블루베리, 크랜베리의 두 배 가량 많이 들어 있다.

석류에 들어있는 안토시아닌과 비타민C는 여러 가지 호르몬을 조절하는 부신피질의 기능을 활발하게 하여 피로회복, 체력보강, 면역력 증강에 도움을 준다. 그런가 하면 석류에 들어 있는 베타-스코르딘이란 성분은 강장 효과를 발휘한다. 실제로 동물실험에서 베타-스코르딘을 먹인 수컷의 정자 수가 크게 증가했다는 연구결과가 있다.

성기능 개선

매일 한 잔의 석류 주스가 성기능이 개선된다는 연구가 발표되었다. 영국의 에딘버러의 퀸 마가렛 대학 연구소에서 21~64세 남녀 58명을 대상으로 2주간 실험했다. 이 실험에서 석류 주스를 마신 이후 인체 내 성호르몬인 테스토스테론이 증가하였고, 남자에게는 성적충동이 증가했으며, 여성에게는 부신호르몬의 증가와 함께 근육과 뼈가 강하지는 것을 확인할 수 있었다. 부수적인 효과로는 성관계 전 스트레스를 없애주고 심리적 안정감도 증가되었다고 보고했다.[15]

발기부전의 원인으로는 내분비적인 원인과 신경성 원인, 혈관성 원인, 전신질환 등 다양하다. 발기부전은 음경 해면체 조직 중에 정상적으로 혈액의 유입이 이루어지지 못하는 현상이다. 테스토스테론의 증가는 음경 발기 능력을 개선시키며, 항산화 작용에 의해서 음경조직의 피로는 경감시켜 발기부전에 효과가 있는 것을 의미한다.

---

15) Dailymail. England. 2012.5.4
http://www.dailymail.co.uk/sciencetech/article-2139292/Viagra-eff
ect-daily-glass-pomegranate-juice.html

9. 기타 효능

■ 알츠하이머 예방과 치료

항산화 물질이 풍부한 석류 주스를 매일 섭취하면 알츠하이머 질환을 유발하는 해로운 단백질인 베타-아밀로이드의 축적을 줄일 수 있다.

캘리포니아의 Loma Linda University 연구팀은 석류 주스의 항산화 물질인 폴리페놀이 알츠하이머의 원인 물질인 베타-아밀로이드 침전물을 제거한다고 보고했다.

동물실험을 통해 석류 주스를 먹인 실험군은 나른 대소군에 비해 플라크가 50% 이하로 감소했으며, 이미 생성된 플라크를 제거되는 것이 관찰되기도 했다. 이 실험에 참가한 연구원 Richard Hartman은, "이 연구로 (알츠하이머 병) 동물 모델에서 석류 주스가 유익한 효과를 나타낸 것은 처음이다."라고 말했다.16)

■ 탈모 방지

탈모의 원인으로 병원균에 의한 감염, 영양결핍과 유전학적인 요인 등으로 다양하다. 최근에는 식생활의 변화와 스트레스의 증가로 탈모가 크게 증가하고 있다.

---

16) http://www.naturalnews.com/020631_pomegranate_juice.html

석류에는 식물성 에스트로겐이 풍부하게 들어 있다. 에스트로겐은 콜라겐 생성에 관여하여 피부를 재생하고 피부 탄력을 유지하고, 이 효과는 두피에서도 작용하여 두피에 혈액순환을 원활하게 하여 모발의 성장을 돕고 탈모 방지에도 효과를 보인다.

석류에는 카테킨류, 안토시아닌과 같은 페놀성 화합물이 많이 함유되어 있어 발모에 효과를 나타낸다.

■ 시력 개선

사람의 안구 망막에는 시각에 관여하는 로돕신이라는 색소체가 있다. 이 로돕신이 부족하게 되면 시력 저하와 각종 안질환을 유발할 수 있다. 이런 로돕신의 재합성을 촉진하여 활성화하는 성분이 안토시아닌이다. 안토시아닌 성분의 도움으로 눈의 피로로 인한 육체적, 정신적 피로 야간 시력 장해, 시력 저하 등에 효과적이다.

석류를 꾸준히 섭취하면 눈 건강과 시력 개선에도 도움이 된다. 석류에는 비타민A과 안토시아닌이 풍부하게 들어 있어 눈을 맑게 해주고 야맹증을 개선하는 등 시력 개선에 뛰어난 효능을 가지고 있다.

삶에서 '당연함'을 버려라

"송나라 사람이 '장보'라는 모자를 밑천 삼아 월나라로 장사를 갔다. 그런데 월나라 사람들은 머리를 짧게 깎고 문신을 하고 있어서 그런 모자를 필요로 하지 않았다."《장자, 소요유》

소통, 현대 사회에서 많이 회자되는 단어 중의 하나입니다. 소통은 직장에서든 가정에서든 사회에서 발생하는 문제의 시작이면서 종착역이기도 합니다. 특히 중년이 되면 소통은 곳곳에서 심각한 문제로 등장합니다. 중년이 되면 가정에서는 부부간의 소통, 자녀와의 소통, 그리고 직장에서는 상사와 부하 직원과 친구와의 소통에서 본심이 왜곡되고 굴절이 여러 문제가 발생하곤 합니다. 소통의 문제는 서로가 다름을 인정하지 않고 있는 그대로의 모습을 바라보지 못하기 때문에 일어납니다.

소통은 상대를 받아들이려는 노력을 말한다

소통은 상대를 말로 설득하고 이해시키는 과정이 아니라, 상대가 나를 이해하도록 내 마음에 공간을 마련해 주는 것입니다. 상대를 이해하지 않고 설득만 강요하면 그것은 소통이 아니라, 또 다른 폭력일 뿐입니다. 그래서 소통의 전제조건은 상대에 대한 배려이며, 그를 받아들이려는 태도에서 비롯합니다.

먼저 소통을 잘하기 위해서는 먼저 자기 자신을 제대로 알아야 합니다. 자신이 선입견과 편견으로 상대를 바라봐서는 안됩니다. 선입견은 자기 생각으로 상대를 미루어 짐작하는 태도를 말합니다.

'선입견'의 사전적 의미는 "어떤 대상에 대하여 이미 마음에 가지고 있는 고정적인 관념이나 관점"의 의미이며, 한 마디로 "주관적 추측"을 뜻합니다. 수많은 가치와 판단 기준 가운에 자신이 임의대로 한두 가지 기준과 원칙으로 판단하는 것을 말합니다. 당연히 타인과 사물 등에 대해 왜곡되게 혹은 굴절되게 볼 수밖에 없습니다.

우리 마음 안에 두 마리의 개를 키운다는 우스갯소리가 있습니다. '犬'은 '개 견'으로 읽습니다. 하나는 선입'견', 다른 하나는 편'견'이라는 '개'입니다. 이 말은 인터넷과 SNS에 떠도는 말이지만 단순히 흘려듣기에는 여러 깊은 의미를 가지고 있습니다. 이 말대로 우리 마음에 이 두 마리 개를 평생의 반려자로 두고 살아갑니다.

마음속의 잘못된 지도, 선입견

미국의 베스트셀러의 저자이자 정신과 의사인 스캇 펙은 화려한 경력의 소유자입니다. 그는 하버드대학과 케이스 웨스턴 리저브에서 공부를 마치고 정신과 의사로, 사상가로 활동하면서 여러 책을 남기기도 했습니다. 특히 《아직도 가야 할 길》은 〈뉴욕타임즈〉의 손꼽은 최장기 베스트셀러에 이름을 올렸고, 심리학과 영성을 성공적으로 결합하여 독자의 사랑을 받은 최고의 책으로 손꼽히고 있습니다.

스캇 펙은 이 책에서 왜곡된 견해와 잘 바뀌지 않는 마음을 가지고 있다고 설명합니다. 우리는 세상을 자신만의 견해로 바라볼 수밖에 없는 그 견해가 불안전할뿐더러 한 번 만들어진 견해는 바꾸려는 노력을 하지 않는다고 말합니다.

"현실에 대한 우리의 견해는 삶의 영역을 통과하는 데 필요
한 지도와 같다. 지도가 진실하고 정확하면 기본적으로 우리
의 현재 위치를 알게 될 것이고, 가고 싶은 곳이 정해질 때
그곳에 어떻게 가야 하는지 알게 될 것이다."

저자는 견해를 하나의 지도로 비유하고 있는데, 이는
태어날 때 완성되지 않았고, 삶을 통해서 끊임없이 수정
해야 함에도 그런 노력을 기울이지 않는다고 보고 있습
니다.

"우리는 지도를 갖고 태어나지 않는다. 그래서 지도를 만들
어야 하고 그 과정에는 노력이 필요하다. 현실을 제대로 파
악하고 인식하기 위해서 노력할수록 우리의 지도는 더욱 커
지고 정확해진다. 그러나 많은 사람은 이러한 노력을 기울이
고 싶어 하지 않는다. 어떤 사람들은 청소년기가 끝날 때쯤
이러한 노력을 멈춘다. 그렇게 되면 그 지도는 작게 대충 그
려지고 말아 세상에 대한 견해는 편협하고 오류투성이가 된
다. 그런데 대부분의 사람은 중년 말기쯤 가면 노력하기를
포기한다. 그들은 자신의 지도가 완전하고 세계관은 옳다고
확신하고는 더 이상 새로운 정보에 흥미를 갖지 않는다. 어
떻게 보면 마치 지쳐버린 것처럼 보인다."

선입견은 잘못된 지도를 갖고 있으면서 그 지도로 세상을 여행하는 태도와 같습니다. 먼저 잘못된 지도를 버려야 합니다.

인생 최고의 적은 '당연함'이다

"송나라 사람이 '장보'라는 모자를 밑천 삼아 월나라로 장사를 갔다. 그런데 월나라 사람들은 머리를 짧게 깎고 문신을 하고 있어서 그런 모자를 필요로 하지 않았다."《장자, 소요유》

본문에서 장자는 '당연하다'라는 통념을 버리라는 충고합니다. 송나라 사람들은 모자를 쓰고 생활을 했습니다. 송나라에서 모자를 팔던 상인은 모자를 쓰지 않는 상황을 생각해 본 적이 없습니다. 그는 큰돈을 벌기 위해 이웃한 월나라로 모자를 팔기 위해 찾아갔습니다. 그러나 월나라 사람들은 온 몸에 문신하고 정작 머리를 기르지도 않는 풍습을 가진 나라였으며, 당연히 머리를 기르지 않으니 모자를 필요로 하지 않았습니다. 월나라 사람들은 아예 모자를 쓰는 풍습이 없었습니다. 그러니 월나라에서 모자는 아무 쓸모가 없는 물건일 뿐입니다.

송나라 상인의 잘못이 있다면 그것은 세상 사람 누구나

모자가 필요할 것이라는 선입견이 문제를 일으킨 것입니다. 송나라 상인이 다시 자기 나라로 돌아가든, 월나라에 남아서 장사를 하든, 먼저 그는 월나라 사람들의 문화가 다르다는 것을 인식해야 합니다. 그렇지 않고 그가 송나라로 돌아가거나 그저 월나라에 머무는 것은 큰 의미가 없습니다.

소통, 성숙한 자의 몫

어린아이는 소통에 어려움을 겪습니다. 그냥 자기주장만 있을 따름입니다. 그래서 소통은 성숙한 어른들의 몫입니다. 또한 소통은 타인의 감정을 잘 읽는 데서 시작합니다. 그럼에도 중년은 평생 이성으로 판단하고 행동해 왔기 때문에 타인의 감정을 읽는 데 어려움을 겪습니다. 타인의 감정을 잘못 읽고 적절하지 않은 방식으로 표현해서 많은 문제가 일어납니다.

이제부터 내 안의 '지도의 상태'가 어떤지 신경을 기울여야 합니다. 그리고 지도를 끊임없이 수정하고 보완해야 합니다. 그렇지 않으면 오류 투성이 '지도' 곧 선입견은 우리 자신을 잘못된 곳으로 자신을 이끌어 가고, 소통은 요원할 수밖에 없습니다.

서른이 될 때는 높은 벼랑 끝에 서 있는 기분이었지.
이 다음 발걸음부터는 가파른 내리막길을
끝도 없이 추락하듯 내려가는 거라고.
그러나 사십대는 너무도 드넓은 궁륭 같은 평야로구나.
한없이 넓어, 가도 가도
벽도 내리받이도 보이지 않는,
그러나 곳곳에 투명한 유리 벽이 있어,
재수 없으면 쿵쿵 모리방아를 찧는 곳.

-최승자, 〈마흔〉 중에서

YELLOW FOOD-비파

비파의 역사

　비파의 원산지와 최초 재배 시기에 대해서는 아직 정확히 밝혀진 바가 없다. 많은 식물학자와 식품 역사학자들은 동아시아 온대, 아열대 지역으로 보기도 하며 중국, 일본 등으로 보기도 한다.

　3,000년 인도의 옛 불경인 열반경 등에서 비파나무의 뛰어난 약효를 기록으로 남아 있으며, 인도의 사찰에는

비파나무가 심어 난치병 치료제로 사용되었다. 각 가정에도 "한 집에 한 그루의 비파나무가 있으면 의사가 필요 없다"는 말이 전해지고 있다.

중국에서 가장 오래전부터 재배된 과수 중에 하나로 약 2,000년 전의 기록에서 찾아볼 수 있다. 비파의 품종은 이미 6세기에 대과, 소과, 백색·주황색 과육 등 여러 품종이 존재하였다. 그 후에도 실생으로 증식하여 현재는 약 20품종이 재배되고 있디. 현재 주산지는 절강성 당서, 복건성 포전, 강소성 동정산 등이다.

중국 삼국시대의 조조는 비파를 너무 좋아한 나머지 정원에 비파를 심어 놓고 열매의 개수를 세어놓을 정도였다. 그러던 어느 날 전장에서 돌아와서 비파 열매의 개수를 세어보니 부족했다. 범인을 잡기 위해 조조는 꾀를 내어, '비파나무를 땅만 차지하는 쓸모없는 나무라며 당장 베어 버리라.'고 명령을 하니, 그때 한 부하가 "그렇게 맛있는 과일을 왜 베려하십

니까?"라고 나서는 것으로 보고 범인을 잡았다는 일화가
전해진다.

　일본에는 약 1,000년 전에 중국에서 전래되어 야생하
는 것으로 추정하고 있다. 일본의 여러 지역에서 야생종
이 확인되고 있으며, 과실로 이용은 대략 8세기경으로 볼
수 있고 재배는 하지 않았다. 본격적으로 재배가 시작된
것은 19세기 초 중국에서 대과품종의 종자가 들어와서
재배한 것으로 보고 있다.

　우리나라에는 중국과 일본에서 전래한 것으로 추측되며
대체로 따뜻한 지역인 제주도와 전라남도, 경상남도 남부
해안지역에서 가정의 정원수로 재배되다가 최근에는 과수
재배를 목적으로 심고 있다. 비파에 대한 문헌으로 《동의
보감》에 비파잎에 대한 약재 설명이 나와 있다.

　현재 우리나라 비파의 분포지역은 전라남도의 목포와
여수, 고흥, 그리고 경남의 거제, 진해 등이다.

2. 비파와 건강

비파나무는 상록 활엽수로 늦가을 10월 경에 꽃이 피고 다음 해인 6월에 황금색 비파 열매를 맺는다. 비파나무의 수명은 자연 상태에서 100여 년 이상으로 비파나무가 수명을 다할 때까지 인간의 건강에 유익한 역할만을 한다. 비파 열매를 비롯하여 씨, 잎, 수액, 가지, 줄기, 뿌리 등 비파나무 전체가 인간에게 꼭 필요한 생약 성분을 제공해 준다.

이러한 비파의 효능을 주목한 일본에서는 이미 100여 년 전부터 국가적으로 비파를 개량하고 연구하여 세계 시장을 선도하고 있다.

비파잎은 예로부터 '인간의 모든 근심을 제거한다'는 무우선(無憂扇)으로 불릴 만큼 오래전부터 치료요법에 널리 사용되었다.

고대 인도의 사찰에는 비파나무를 심어 난치병으로 고생하는 수많은 사람들을 치료했다고 전해지고 있다.

비파잎에는 포도당, 자당, 과당 등과 특히 아미그달린

이라는 유효 성분이 다량 함유되어 있는데 이 성분이 암에 탁월한 효과가 있음이 연구를 통해 하나씩 밝혀지고 있다. 《동의보감》의 허준도 그의 스승인 유의태가 위암에 걸렸을 때 비파잎을 차로 달여 복용하게 했다.

비파잎은 그 외에도 피부병과 피부 미용에도 탁월한 효과가 있어서 최근에는 비파잎을 이용한 화장품에도 사용되고 있다. 이 밖에 비파잎은 기관지염, 감기, 화상 등 다양한 질병에 효과를 보인다.

비파씨에는 비파잎보다 1,300배의 아미그달린이 함유되어 있다. 그야말로 아미그달린의 보고인 셈이다. 이 아미그달린은 암에 탁월한 효능은 여러 차례 학계에 보고가 되고 있으며 이에 대한 연구가 학계에서 진행 중이다.

비파열매는 6월 초부터 시작하여 7월 초까지 한 달여 기간 동안 수확을 한다. 비파열매는 노랗고 잘 익으면 황색을 띠며, 향긋한 향기를 뿜는다. 껍질을 벗겨 생으로 먹기도 하고, 설탕에 절여 비파 청을 만들고 비파 엑기스를 만들어 먹기도 한다. 비파열매는 달고 새콤하고 과육이 부드러워 남녀노소 누구나 먹기에 좋다. 비파열매에는

각종 비타민을 비롯한 필수 아미노산이 풍부하고 무기질과 탄수화물, 식이섬유가 풍부하여 건강을 유지하고 면역성을 유지하는 데 큰 도움이 된다.

비파뿌리는 석가모니의 전설에서 볼 수 있듯이 심한 통증에 사용되거나 원인 모를 불치병의 치료제로 사용했다. 일본과 한국에서도 비파뿌리를 주요 한약재로 소개하고 있다. 비파뿌리는 비파나무가 가진 모든 생약 성분을 함유하고 있고, 특히 노약자의 심한 통증이나 불면증과 두통에 효과가 있는데 이는 뿌리에 진통작용과 진정작용을 하는 약리 성분이 있음을 말해순다.

비파꽃은 10월 말에서 2월 말까지 개화하는데 꽃 솜기를 한 꽃을 말려서 비파 꽃차로 사용한다. 비파 꽃은 아로마 요법에 많이 사용되며 심리적 안정과 정신적 피로를 씻어주는 효과가 있다.

3. 국내 비파의 역사

예로부터 민간요법의 영약(靈藥)으로 만병을 고치는 불가사의한 힘이 있다고 알려져 온 비파가 한국에서 재배가 되기 시작한 것은 비교적 최근이다.

지난 1975년 김장오 박사는 아버지가 중풍으로 쓰러지자 병간호를 위해 고향으로 내려갔다. 고려대를 나온 그는 아버지의 병간호를 위해 고향에 내려온 이후 한의학 책을 섭렵하면서 비파나무의 효능을 알게 됐다. 고향에는 마침 해방 전 일본인들이 톱머리 해수욕장 부근에 심어 놨던 비파나무를 해방 후 일본인들이 물러가자 1955년 고향 목동리에 옮겨 심어놨던 몇 그루의 비파나무가 자라고 있었다.

김장오 박사는 비파나무의 재배 방법을 독학으로 배우며 일본과 중국의 비파에 대한 연구서로 밤을 잊은 연구는 성과물로 나타나기 시작했다. 비파나무는 어느새 2㏊의 농장에 6만 그루로 늘었다. 8년생 5만 주를 비롯해 10년생 1만 5천 주, 15년생 300주다. 재배 노하우를 가지게 된 것이다.

현재 비파에 대한 우리나라 재배면적은 약 8.6ha로 아주 소면적이다. 분포지역은 전남의 목포와 여수, 고흥, 그리고 경남의 거제, 진해 등이다.

비파는 과실과 잎에 여러 가지 약리효과가 있으며 특히 항암에 대한 약리적 효과가 검증되면서 일본에서는 아주 높은 가격에 판매되고 있다.

비파의 효능

1. 항암

   암은 인간의 건강과 생명을 위협하는 가장 중요한 질병 중에 하나로 모든 계층, 즉 연령, 성별, 사회, 문화적인 배경을 총망라하여 발생하고 있다. 암은 우리나라 사망원인 1순위로 뽑히고 있다. 미국에서는 폐암과 대장암이 많고, 중국에서는 식도암이 우리나라는 간암과 위암이 많은 것으로 나타났다. 2007년 통계청의 보고에 따르면, 암으로 사망한 비율이 전체 사망자 중 27.6%를 차지했다.

   국내에서는 1980년대부터 암과 관련한 연구가 시작되어 상당히 많은 연구 결과가 축적되어 있으나, 그 결과 대부분은 치료에 관련된 부분으로 암 예방과 조기 발견 연구는 아직 미미한 수준이다. 암은 일단 발병하면 근본적인 치료가 어려워 예방과 조기 발견이 대단히 중요하다. 이러한 추세를 반영하듯 지난 10년간 암 예방식품에 관한 관심이 급속히 고조되어 신문, 잡지, TV 등 언론매체에서도 거의 매일 다루다시피 하고 있다. 암으로 인한 사망 원인으로 흡연 등 여러 가지 인자의 추정치가 제시되어 있지만 사람에게 걸리는 각종 암의 90% 이상이 매일 먹는 음식물 등 환경에 기인한다고 추정하고 있다. 남성 암의 30~40%와 여성 암의 60%가 음식물과 관련이 있다고 지적되고 있다.

암 발생에 미치는 요인

〈자료: 세계보건기구 WHO〉

■ 항암과 비파

비파는 오래전부터 항암제로 사용되어 왔다. 특히 비파에 함유된 우르소릭 산은 항암효과가 큰 것으로 알려져 있다. 비파에 함유된 천연 항암물질은 기존의 합성화학 항암제보다 치료에 유리하다. 현재 사용되는 합성화학 항암제는 부작용이 심해 암세포에 작용하기보다 정상세포나 조직에 더 크게 작용하여 골수세포와 임파세포 파괴에 의한 저항력 약화 등의 2차 감염을 유발한다.

전남대학교 황태익 교수를 비롯한 연구팀은 '비파의 항암효과에 대한 연구'에서 비파잎과 줄기에서 추출한 실험한 결과 정상세포에는 영향 없이 암세포만 고사시키는 것을 확인했다. 식물로부터 유래된 물질이 항종양 효과가 있는지는 마우스 시험으로 입증할 수 있다. 마우스 그룹에 식물 추출액이 포함되이 있거니 그렇지 않은 그룹으로 나눠 식이를 한 두 그룹의 비교 연구를 통해 종양이 사라졌는지, 종양 크기가 감소와 전이 상태는 어떤지 또는 마우스의 생존율을 통해 효능을 확인하게 된다.

이 연구 결과는 비파의 과육 가운데 암세포에만 세포독성을 나타내고 정상세포는 다치지 않는 선택성을 가진 항암성 물질 존재가 있음을 강하게 시사해 준다. 또한 복수암을 유발한 쥐 10마리를 대상으로 한 동물 실험에서 암이 유발된 쥐는 13일까지 모두 죽었지만, 비파 추출물을 투여한 쥐 10마리 가운데 45일째 1마리가 죽었을 뿐이다. 이 실험 결과는 생체 중에서 항암효과가 있을 증명해 준다.[17]

유방암 세포 전이과정을 억제

비파는 유방암 세포의 전이과정을 억제하는 효과가 있다. 암 전이의 시작은 전이력이 강한 암세포가 1차 장기로부터 떨어져 나와 기저막으로 침투(invasion)해 들어가는 과정으로 세포와 세포 혹은 세포와 세포외 기질 간의 부착(adhesion)으로 시작되고, 여러 단백 분해 효소를 분비하여 기질과 기저막을 분해한다. 기질과 기저막의 파괴에 이은 암세포의 이동은 암세포 침투의 최종단계이다. 기저막과 기질에서의 침투과정을 거친 암세포는 혈관이나 림프관을 이용하여 다른 장기로 이동하게 되며 2차 조직에 부착되고 성장과 영양공급을 위해 신생혈관생성 등 새로운 환경을 만들어 가며 증식하게 된다. 유방암은 초기에는 치료가 가능하지만 일단 전이가 되면 성공적인 치료가 어렵다. 그러므로 암의 초기 발생을 막는 것이 중요하지만 암 발생 이후에 각 진행 단계를 차단시켜 전이를 억제함으로써 치료를 용이하게 하는 것 또한 중요하다고 본다.

비파잎과 씨에서 추출물을 이용하여 유방암 세포의 성장과 전이 억제효과를 실험한 결과 암세포 전이 과정 중

---

17) 〈비파의 항암 효과에 대한 암세포 특이성 검정〉황태익, 임현옥, 이재와. 전남대학교 농과대학.

초기 단계에 발생하는 암세포의 이동에 관여하는 효소에 관여하는 활성을 대조군에 비해 60% 이하로 저하되는 것으로 확인되었다. 또한 세포의 성장과 암의 전이 과정인 세포 부착, 침윤과 전이 과정에서 중요한 역할을 하는 단백질 분해 효소인 MMPs 활성이 대조군에 비해 비파잎과 씨 추출물에서 억제효과가 나타났다.[18]

유방의 유선(乳腺) 암화 과정 억제

비파잎은 유방 유선(乳腺) 암화과정 억제 효과가 규명되었다. 암화과정은 외부의 발암원에 의해 다단계로 진행되며 크게 개시, 촉진 그리고 진행의 세 과정으로 진행된다. 이러한 다단계 과정으로 일어나는 암 발생과정은 여러 가지 천연물 또는 화학적 화합물에 의해 억제되거나 지연될 수 있다.

김민숙 연구원 등이 마우스 실험에서 비파잎이 유방의 유선 암화 과정을 억제하는데 효과가 있음을 밝혀냈다. 비파잎을 섭취한 마우스는 유선종양 발생율과 발생 종양 수가 줄었고, 암화과정 중 개시과정을 억제했으며, 종양 크기를 줄여 촉진과정을 억제한 것으로 규명되었다. 이 연구에서 비파잎이 유선 종양에서는 BrdU(BrdU는 세포

---

18) 〈전남 특산물인 비파와 울금의 유방암 세포 성장 및 전이 억제 효과〉 김민숙.

의 증식을 측정하는 지표) 양성 세포들의 개체 수가 감소하였다.[19]

■ 생약독성과 대책

최근에는 식품을 바로 먹기보다는 오랜 시간 저장하거나 가공해서 먹는 비중이 높아지면서 식품에 첨가되는 첨가제와 가공이나 조리 시에 생성되는 독성물질에 대한 우려가 커지고 있다.

아질산염은 단백질 식품, 가공혼합식품 등에 다량 함유되어 있다. 일반적으로 아질산염은 일정 농도 이상 섭취하게 되면 혈액 중의 헤모글로빈이 산화돼 헤모글로빈의 산소운반 능력을 상실시키는 메트헤모글로빈을 형성해 각종 질병을 유발하는 것으로 보고되어 있다. 이뿐만 아니라 아질산염은 인체 내에서 다른 물질과 상호작용하여 나이트로조아민이라 불리는 발암 물질을 생성하여 선진국에서는 많은 주의를 요하고 있다.

한국식품안전연구원의 연구 결과에도 3~6세 영유아들의 아질산염 섭취에 큰 문제가 있음을 보고 했다. 특히 어린이는 성인에 비해 독성물질 해독능력이 부족할뿐더러 그 영향이 성인까지 미칠 수 있어서 더욱 주의가 필요하

19) 〈Oral administration of Loquat Suppresses DMBA-induced Breast Cancer in Rat〉 Min Sook Kim et al.. 2010.

다.

　최근에는 이러한 아질산염 소거능이 있는 천연식품에 연구가 활발하게 이뤄지고 있다. 경상대학교 배영일 교수를 비롯한 연구팀은 비파가 아질산염 소거에 탁월한 능력이 있다는 연구 결과를 발표했다. 비파 과실 86%, 잎 60% 등으로 아질산염 소거 효과가 뛰어났다.[20]

3. 당뇨병

　전 세계 당뇨 환자는 약 1억 7천만 명으로 추산하고 있다. 그런데 심각한 것은 조만간 이 숫자의 두 배가 된다는 점이다. 우리나라도 예외는 아니다. 고령화 사회로 진입하면서 65세 이상 인구 다섯 명에 한 명이 당뇨병 상태인 것으로 조사되었다. 2010년 기준으로 당뇨 인구가 500만 명으로 10명 중 1명이 당뇨병 환자였다. 오는 2030년이 되면 722만 명에 이를 것으로 예상하는데 이것이 현실이 될 경우 전체 인구 7명당 1명이 당뇨 환자인 셈이다.

　당뇨병 발생 원인은 고령 인구의 증가와 비만과 과체중

---

20) 〈비파 부위별 용매추출물의 아질산염 소거 및 항돌연변이 효과〉 배영일, 정상호, 심기환, 경상대학교 응용화학식품공학부·농업생명과학연구원. 2002.

의 증가, 운동 부족, 지방질 과다 섭취, 과도한 스트레스 등을 꼽고 있다. 건강한 장수를 방해하는 대표적 질환인 당뇨는 모든 심혈관계 질환과 관련이 있는 질환이다. 당뇨병을 방치하게 되면 만성 신부전이나 망막 질환, 치매 등의 합병증이 발생한다.

■ 비파의 인슐린 분비 효과

국내 당뇨병 환자의 90%는 제2형 당뇨병 환자로 인슐린 저항성과 인슐린 분비 문제로 그 결과 간, 지방, 근육 조직 등 지방의 분해가 이뤄지지 않고 당 이용성 감소로 인해 당 대사와 조절능력이 감소된다. 치료를 위해 인슐린 주사를 사용하지만 이용이 불편하고 장기간 사용했을 때는 비만과 혈당 관리에 어려움을 겪는다. 비파는 체내 인슐린 분비를 촉진해 혈당을 내리는 효과가 있어 당뇨병의 예방, 치료에 도움을 주는 것으로 알려져 있다.

목포대학교 김현아 교수와 연구팀은 비만 마우스에게 대조군, 비파씨 추출물 투여군, 그리고 비파잎 추출물 투여군 등 세 그룹으로 나누어 사육하였다. 추출물은 200mg 용량으로 일일 6주간 경구 투여하였으며 식이와 물은 매일 신선한 것으로 공급하여 6주간 사육하여 혈당, 당화 헤모글로빈 총콜레스테롤, 중성 지방, 인슐린 등 분석한 결과 대조군에 비해 혈당이 현저하게 감소하였고,

인슐린 농도도 대조군에 비해 유의적으로 높게 측정이 되었다. 이 연구는 비파 추출물은 인슐린 저항성을 보상하기 위한 인슐린 분비 증가에 기여하는 것을 확인시킨 실험으로 비파가 당뇨 치료에 효과가 있음을 증명했다.[21]

4. 항산화 작용

■ 비파잎과 항산화

수천 년의 역사를 지닌 비파잎 차는 기호성이 뛰어난 각종 무기질, 비타민C, 그리고 항산화 효과가 뛰어난 페놀성 화합물과 같은 유용한 성분을 많이 함유하고 있다.

---

21) 〈마우스에서 비파의 혈당 저하 효과〉 김현아, 김은 외. 목포대학교. 2009.

이와 같은 화합물은 항암, 비만과 기타 성인병 예방 등에 뛰어난 효과를 보이고 있다. 차에 함유된 페놀성 황산화 물질은 활성 산소로부터 유발되는 각종 위험 요소로부터 생체를 보호하는 작용을 한다.

■ 비타민A의 항암

비파는 비타민A의 훌륭한 공급원이다. 비파 열매 100g당 일일 권장량의 50%인 1,528IU가 함유되어 있다.[22] 비타민A의 전구체인 베타카로틴(β-carotene)은 녹황색 채소와 과일 그리고 조류(藻類)에 많이 함유되어 있다. 특히 비파 이외에 당근, 클로렐라, 스피룰리나, 고추, 시금치, 쑥, 쑥갓, 케일, 곶감, 살구, 황도, 망고, 바나나, 김, 미역 등에 많이 들어 있다.

비파의 황색 빛깔에는 우리 몸에 대단히 유익한 영양소인 베타카로틴이 담겨 있다. 베타카로틴의 강력한 항산화 작용이 독성 물질과 발암 물질을 무력화시킨다.

베타카로틴은 우리 몸속에 일정량을 유지해야 암, 동맥경화증, 관절염, 백내장 등과 같은 질병을 예방할 수 있는데, 베타카로틴 농도를 낮추는 대표적인 요인으로 과일 및 채소 섭취 부족, 음주, 그리고 흡연 등이 있다.

---

22) http://lifestyle.iloveindia.com/lounge/benefits-of-loquat-2149.html

1975년 노르웨이 벨케 박사는 8,000명의 남성에 대한 5년에 걸친 조사에서 담배를 피우는 사람과 피우지 않는 전 인구 중에서 베타카로틴을 적게 섭취한 사람은 폐암에 걸린 비율이 2배 이상 많았다. 그리고 담배를 늘 피운 사람은 베타카로틴을 적게 섭취했을 때 폐암에 4배 이상 걸린 것으로 조사 되었다.[23]

5. 비만

비파에 나랑으로 함유되어 있는 페놀성 화합물들은 콜레스테롤 저하작용, 항암 및 항산화 작용 등 다양한 생리 활성 기능을 나타낸다. 조선대학교 이명렬 교수를 비롯한 연구팀은 흰쥐 52마리를 대상으로 실험을 한 결과 고지방-고콜레스테롤 식이를 급여한 흰쥐에게 비파잎 추출물은 간조직의 콜레스테롤의 함량이 감소하였으며 장간막지방조직과 부고환지방조직 중의 중성지방 함량이 감소하여 비파잎 추출물이 지방조직의 지방 축적을 억제하여 비만 억제효과가 있음을 밝혀냈다.[24]

목포대학교 류동영 교수를 비롯한 연구팀은 3T3-L1

23) 〈생활 영양과 건강 이야기〉 최선혜 지음. 창. 2009.06.10
24) 〈비파잎 에탄올 추출물이 고지방-고콜레스테롤 식이를 급여한 흰쥐의 콜레스테롤 저하 및 항산화 활성에 미치는 영향〉 이명렬, 김아라 외. 조선대학교 식품영양학과. 2011.

지방세포에서의 지방 생성 및 지방생성 관련 전사인자 PPARr와 C/EBPa의 표현 정도를 측정하여 비파 잎과 씨 추출물의 지방흡수와 지방생성 억제효과를 확인한 결

과, 비파잎과 씨 추출물을 첨가한 경우에 추출물을 첨가하지 않은 대조군에 비교하여 지방 방울들이 적게 형성되는 것으로 관찰되었다. C/EBPa의 발현량은 시료를 첨가하지 않은 대조군에 비하여 비파잎과 씨 추출물 처리군에서 감소되었고, PPARr의 발현 정도는 시료를 첨가하지 않는 대조군에 비하여 비파잎 처리군에서 억제되어 비파가 지방형성을 억제하는 것으로 밝혀냈다.[25]

6. 아토피

우리나라 1~5세 사이 20%의 어린아이가 아토피를 앓고 있을 정도로 국내외의 소아기의 대표 질환이다. 아토

25) 〈비파잎과 씨 추출물의 지방생성 억제효과〉 류동영, 민오진 외. 목포대학교 한약자원학과. 2011.

피는 가려움증을 유발하는 항원에 따라 과민 반응도 각기 다르게 나타난다. 아토피의 원인에 대해 정확히 밝혀진 바는 없지만 유전적 소인, 면역학적 요인 그리고 환경적 영향 등이 복합적으로 작용하여 발생하는 것으로 알려진다.

아토피의 발병 원인이 불분명하고 최근에는 환경오염 등으로 발병률은 증가하여 아토피 환자의 고통은 더해만 가고 있다. 아토피의 치료를 위해 부신피질 호르몬과 항히스타민제를 사용하고는 있지만, 장기간 사용 시 부작용으로 인해 천연 항알레르기제의 개발에 힘을 쏟고 있다.

오래전부터 주목받고 있는 비파잎이 실험을 통해 항알레르기에 효과가 있음이 밝혀졌다. 경북대학교 수의과대학 홍주헌 교수는 비파잎을 아토피를 유발한 흰쥐에게 투여한 이후 히스타민 생산이 현저하게 감소하고, 세라미이드 함량을 증가시켜 아토피 질환에 수반되는 소양증을 감소시키고 피부 장벽은 강화하여 아토피 질환의 근본 원인인 피부의 물리적 손상을 감소시킨다는 사실을 밝혀냈다.[26]

---

26) 〈2,4-Dinitrochlorbenzene으로 유도된 아토피 피부염 동물모델에서 비파엽 및 삼백초 추출발효물의 항아토피 활성〉 홍주헌. 경북대학교 수의과대학. 2010.

7. 골다공증

골다공증은 연령이 높아질수록 칼슘 흡수율이 떨어지고, 여성들의 폐경기를 전후해서 골밀도가 떨어지는 것을 말한다. 골밀도를 높이기 위해서는 평상시에 균형 잡힌 식습관과 적당한 운동, 여성 호르몬인 에스트로겐의 분비가 중요한 요소이다. 그러나 더 이상 골다공증이 노인과 폐경기의 여성들만의 질환이 아니다. 2004년도 국내의 한 대학병원에서 국제학술지에 게재한 '성인 남성의 골다공증 유병율 조사'에 따르면 한국 남성의 골감소증 유병률을 약 30~50%로 높게 나타났다. 특히 남성의 골다공증 위험은 고연령, 흡연, 성장호르몬의 결핍 등과 관련이 높다고 설명했다.

최근의 골다공증은 생활습관의 특히 육류 섭취는 증가하지만, 채소의 섭취량은 점점 감소해가는 식습관과 상당한 관계가 있다. 칼슘 섭취를 위해 권장되는 대표적인 식품으로 우유(105mg/100g당)로 손꼽힌다. 하지만 우유는 함유된 양에 비해 의외로 체내에서 칼슘을 섭취할 때 흡수율은 상당히 낮은 편이다.

비파에는 인체에 유익한 무기질 함량이 다른 과일에 비해 풍부하다. 골다공증 예방에 효과적인 칼슘을 비롯해 칼륨, 구리, 철, 마그네슘, 망간, 인 셀레늄, 아연 등이 풍부하며 우유에 비해 비파에 함유된 천연 칼슘은 흡수율이 훨씬 더 높다.

8. 기타

■ 피부미용

비파에는 피부에 좋은 비타민A가 풍부하게 들어 있다. 모공이 두터워지는 모공 각화증은 비타민A 결핍증후로 발생한다. 또한 인체 세포들의 대사 과정에서는 활성산소라는 산소화합물이 생기는데, 이 물질은 우리 몸의 신진대사를 방해하는 유해물질로 노화의 원인이 된다. 피부의 노화 또한 활성산소 때문에 세포가 산화되면서 나타나는 것. 비파에는 활성산소의 발생을 억제하는 성분이 있어, 피부 노화를 막고 잔주름을 예방하는 효과를 나타낸다.

비파는 기미, 주근깨 등의 잡티에 효과가 좋고 각질도 없애 피부를 깨끗하게 만든다.

■ 천식

최근에 미국에서 비파나무 열매에서 레이트릴이라는 물질을 추출했는데 이것을 비타민B17로 부르기도 한다. 이 비타민B17은 효소와 작용해서 암세포 파괴 작용을 한다는 실험 결과에 따라 이를 암 치료제로 이용하고 있다.

비파잎에는 천식에 유용한 성분이 함유되어 있어서 예로부터 천식 치료에 사용되었다.

비파잎에 꿀을 살짝 발라 꿀물을 머금은 비파잎을 슬쩍 볶은 다음 하루에 20g 정도씩 차로 끓여서 수시로 복용하시게 되면 천식 증세가 많이 완화된다.

큰 상수리나무의 쓸모와 인간의 가치

"그만두어라. 더이상 말하지 말라. 저것은 쓸모없는 나무일 뿐이다."《장자, 인간세편》

위기는 세상의 변화를 가져온다

세상을 바꾸는 큰 변화를 손꼽으라고 하면 눈에 보이는 것을 생각할 수 있습니다. 이를테면 전쟁이라든가 지진 등 자연재해를 생각할 수 있습니다. 그러나 정작 인류 역사를 바꿔온 것은 눈에 보이지 않는 전염병입니다. 인류

학자들은 대체로 세계사의 흐름을 바꿔 놓았던 세 번의 전염병 유행을 손꼽습니다.

기원전 5세기 수많은 철학가와 예술가의 활동 무대인 아테네는 천연두로 멸망했고, 16세기 신대륙의 발견을 위해 경쟁하던 스페인은 지금의 중남미 아즈텍 국가를 천연두로 인해 멸망되었으며, 20세기 파나마 운하를 건설하던 프랑스는 모기로 전염되는 말라리아로 운하 건설에서 손을 떼게 되었습니다. 또한 14세기 유럽에서 페스트가 휩쓸고 지나간 다음 인간성 회복 운동인 르네상스가 시작되면서 중세의 암흑기의 막을 내렸는데, 최근 코로나19로 촉발된 팬데믹 이후 우리 어떤 미래가 펼쳐질지 아무도 예상하지 못하고 있습니다. 결국 미래는 우리 한 사람 한 사람이 어떤 생각을 갖고 사느냐에 달려 있습니다.

세상에 존재하는 모든 것은 시간이 지날수록 낡고 그 가치가 변합니다. 영원히 존재가치를 유지할 수 있는 것은 아무것도 없습니다. 그런데도 세상에서 변하지 않는 것이 하나가 있다면 우리의 생각과 가치관일 겁니다. 현대인들은 지난 세기와 다른 변화의 물결을 헤쳐나가야 하는데, 여전히 전근대적인 생각으로 세상을 바라본다면 필시 더 큰 문제에 봉착하게 될 수밖에 없습니다.

기술과 지식도 변합니다. 영원한 지식은 존재하지 않습니다. 미국 서부 개척시대, 전설적인 인물인 존 헨리 사람이 있었습니다. 그는 평생을 철도 건설 인부로 일했는데, 그의 해머질은 그 누구도 따라올 수 없었습니다. 그러면 어느 날 당시 최첨단의 증기 해머가 등장하자 그는 '인간이 그깟 기계에 질 리가 없다'면서 증기 해머와 내기에 나섰습니다. 그는 고전 끝에 승리는 했지만 결국 심장마비로 사망하게 되었습니다. 이 일화는 과거 산업시대의 인재의 기준과 척도가 변히면서 겪게 되는 가치관의 혼란을 상징적으로 보여줍니다.

쓸모의 변화

AI 시대에 들어서면서 산업에서 추구하던 가치, 즉 사회에서 요구하는 '쓸모'에 대한 언급이 많아졌습니다. 인문학 강의 때 강조하는 말 가운데 바로 인재상에 대한 언급입니다. 언제나 그렇듯이 바람직한 인재상은 스스로 정하는 것이 아니라 그 시대의 사회구조와 기술에 의해 규정되는 것입니다. 이 지점이 우리가 실수하는 중요한 지점입니다. 이 시대의 인재상은 과거의 인재상이 다를 수밖에 없음에도 이 사실을 놓치고 있습니다.

현대 사회의 네 가지 특징인 '변동성', '불확실성', '복잡성', '모호성'을 영어의 줄임말로 '뷰카(VUCA)'로 부르는데, 이 용어는 원래 미국 육군이 빠르게 변화하는 세계 정세를 설명하기 위해 사용한 용어였지만, 지금은 우리가 살고있는 이 시대를 묘사하는 데 사용하고 있습니다.

그렇다면 '쓸모'는 무엇인가요? 쓸모는 쓰임의 다른 말로 '쓸만한 가치'를 지니거나 혹은 '쓰이게 되는 분야나 부분'의 뜻으로 사용합니다. 그러나 이 단어를 인간에게 적용할 때는 의미가 달라집니다. 한 사람의 고유한 가치를 기업이나 사회의 '쓸모'로 판단할 때는 여러 큰 문제가 발생합니다. 과거 산업시대에서는 한 사람의 가치를 바로 이 쓸모가 기준이 되던 시대였습니다. 다시 말하면 기업에서 쓸모 있는 사람은 그 일자리가 보존이 되지만, 쓸모가 없어지면 더 이상 기업에서 일할 수 없게 됩니다. 이런 사회에서는 한 사람의 가치보다는 기업의 인재상에 부합하면 쓸모 있게 되고 그렇지 않으면 쓸모없게 된다는 의미입니다.

목수인 장석이 본 쓸모의 기준

본문에는 목수인 장석과 그의 제자의 대화가 소개되었습니다. 장자는 자신의 특유한 허무맹랑한 허풍과 과장으로 이야기를 풀어가고 있습니다. 상수리나무가 얼마나 큰지 둘레가 백 아름이 넘고, 높이는 산을 내려다볼 정도이며, 수십 척의 배를 만들 수 있는 정도의 나무로 소개합니다. 당시 사람들은 이 나무를 보려고 안달인데, 정작 장석은 눈길조차 주지 않습니다. 사실 장석은 오랫동안 목수로 일했기에 한눈에 쓸모가 없음을 알아챘습니다.

그는 나무에 대해서는 최고의 전문가였기에, 크기만 클 뿐 재목으로써 아무런 가치가 없다고 판단한 것입니다. 바로 이 부분이 장석의 실수였습니다. 비록 나무의 전문가였지만, 쓰임에 대한 지식은 턱없이 부족한 목수에 불과했던 것입니다. 그는 자신의 시각으로만 큰 상수리나무의 쓸모만 보았던 깃입니디. 전문가일수록 자기 편견에 갇혀 있는 실수를 장석이 범한 것입니다.

기존의 관습과 자신의 관점으로 세상을 판단하는 실수를 범한 것입니다. 그는 오직 자신의 기준으로 상수리나무를 이용하려는 잘못을 범했습니다.

인간은 쓸모로 결정되지 않는다

장석이 집으로 돌아와 잠을 자는데, 사당나무가 꿈에 나타나 말했다. "그대는 나를 무엇에 비교하려는가? 세상 사람들이 '좋은 나무'라 하는 것에 비교하려는가? 아가위나무, 배나무, 귤나무, 유자나무 같은 유실수는 열매가 익으면 찢겨지고 욕을 당하지. (중략) 그래서 타고난 생명을 다 누리지 못하고 중간에 요절하니, 세상살이에서 스스로 자신에게 타격을 가하는 셈이지.

나는 오랫동안 쓸모없는 존재가 되길 바라왔네. 몇 차례 죽을 고비를 넘긴 후 이제야 겨우 그 뜻을 이루었는데, 이것이 자신에게는 큰 쓸모가 되는 것이지. 만약 내가 쓸모가 있었더라면 이처럼 큰 나무가 될 수 있었겠는가?"《장자, 인간세 편》

장석의 꿈에 큰 상수리나무가 꿈에 나타났습니다. 제일 먼저 '쓸모'의 기준을 설명하기를 인간의 관점에서 볼 때 과일을 맞는 유실수는 '좋은 나무'로, 혹은 '쓸모 있는 나무'로 불리지만 인간으로부터 수모를 당하고 베이고 부러지는데, 인간에게 쓸모 있게 되면 나무는 수명을 다하지 못하는 원인이 됩니다. 큰 상수리나무는 인간의 기준, 쓸모의 기준 자체를 거부합니다. 또한 큰 상수리나무는 인간의 기준에 자신을 맞추려 하지도 않았습니다. 그 자체로 개별적 존재로 가치가 있으며, 특별한 존재이며, 그 무엇과도 비교할 수 없는 고유한 존재가치가 있기 때문입니다.

장자는 한낱 나무에 불과한 상수리 나무를 빗대어 인간을 쓸모와 쓸모없음의 도구적 관점으로 바라보는 위험성에 경고를 보내고 있습니다. 기업은 물론 가정에서조차 오직 인간의 삶에 필요한 가치가 있는지, 즉 '쓸모'로 판단하는 위험을 경고하고 있습니다.

　인문에서 중요하게 다루는 것 가운데 사람다움, 즉 인간 중심의 사고가 있습니다. 현대 자본주의에서 인간 중심 사고가 아니라 물질 중심 사고에서 흔히 일어나는 문제, 즉 인간을 '도구적 관점'으로 보는 문제가 발생합니다. 과거 공부를 하는 것도, 높은 스펙을 쌓는 것도 경험을 쌓는 행위도 만약 자신의 상품성을 높이기 위한 것이라면 자신의 존재가치는 사라지고 나의 상품 가치가 높아질 뿐입니다. 이제는 쓸모의 의미를 다시 세겨봐야 합니다.

WHITE FOOD-마늘

마늘의 역사

1. 마늘의 역사

마늘의 원산지는 분명하지는 않지만 중앙아시아에서 재배되기 시작하여 유럽과 동아시아로 전래된 것으로 보고 있다.

마늘은 우리 역사와 함께 시작한다. 단군 신화에 보면 "곰이 마늘과 쑥을 먹고 웅녀가 되어 환웅과 결혼하여 단군을 낳았다"는 기록이 있는데 마늘은 그만큼 오랜 역사 가운데 우리 민족과 함께 해온 식품이다.

마늘이 〈삼국유사〉에는 마늘이 산(蒜, 달래나 작은 마늘)으로 기록되어 있으며, 중국의 약학서인 〈본초강목〉에는 "산에서 나는 산산(山蒜), 들에서 나는 야산(野蒜), 재배한 마늘을 산(蒜)이라고 하였다"라는 기록과 "나중에 서역에서 톨이 굵은 대산(大蒜)이 들어오면서 전부터 있었던 산과 구분하기 위해 소산(小蒜)"이라고 불렀다는 기록이 있다.

마늘은 우리 민족의 전유물만은 아니었다. 서양에서는 마늘을 건강의 상징으로 여겨졌는데, 서양 속담에서 "마늘은 열 명의 어머니처럼 훌륭하다"라는 말이 있고, 또한 "마늘은 의사와 같다"라고 하여 마늘의 효능과 가치를 높게 평가해왔다. BC 2,600년 경 고대 이집트에서 피라미드를 건설할 때 노동자들의 건강을 위하여 마늘을 제공했다고 성경의 기록을 통해서 살펴볼 수 있다. 열악한 환경인 사막에서 피라미드 건설에 동원된 노동자들이 마늘을 먹고 힘든 노동을 견디었다는 것은 마늘이 정력증강과 피로회복에 탁월한 효능이 있었음을 알고 있었기 때문이다. 마늘이 고대 이집트 왕의 무덤에서 출토되기도 했으며, 평민의 무덤에서 진흙으로 빚은 마늘의 모형이 발견되기도 했다. 이집트 문헌의 최초로 등장하는 것은 기원전 1,500년 경 작성된 기록문서로, 이 문서에 따르면 마늘을 22가지 방법으로 이용했으며, 특히 심장질환과 당뇨병, 고혈압, 항균, 기생충 등에 마늘을 사용했다고 전해진다.

고대 로마에서도 마늘을 애용했는데, 로마 병사들의 열악한 환경 가운데 기초 체력과 질병 예방을 위해서 마늘을 먹었다고 전해진다. 의사의 아버지인 히포크라테스는 마늘을 자신의 처방한 치료약 중 400여 종의 처방에 마늘을 사용했다. 주로 감염과 외상, 소화기관 등의 질환에 처방했는데 현대 의학에 의해 밝혀진 마늘의 주요 효능과도 정확히 일치한다. 그 당시 마늘은 자양강장제와 정력제로도 알려져 있어서 아리스토텔레스도 자신의 건강을 유지하기 위해 마늘을 자주 섭취했다는 기록이 남아 있다.

중세 유럽에서는 크게 유행한 결핵과 페스트 치료약으로 마늘이 사용되었다. 마늘을 섭취하여 병을 치료하는데 사용하기도 했으며, 마늘이 악마를 쫓는 힘이 있다고 믿어 출입문에 걸어두어 질병을 부르는 악마를 멀리하기도 했다. 19세기에는 프랑스의 세균학자 파스퇴르가 마늘즙

이 박테리아를 죽인다는 사실을 발견하여 질병 예방에 사용하기 시작했으며, 이를 바탕으로 현대의학에서 마늘의 항암작용과 항균 작용 등에 탁월한 효능이 있음을 주목하여 암연구소나 식품연구소 등에서 마늘을 연구하고 있다. 특히 1995년에는 베를린에서 열린 〈국제마늘학회〉에서 마늘이 항암효과와 콜레스테롤을 낮추고, 심혈관질환 등에 효과가 있다고 발표하여 더욱 주목을 받게 되었다.

건강(컬러푸드) 인생공부

마늘의 효능

1. 기초 체력과 스태미나 증강

현대인의 삶이 예전보다 윤택해지고 기대 수명이 늘어도 자신의 건강만큼은 자신 할 수 없는 시대이기도 하다. 그래서 건강하게 한 평생 사는 것이야말로 최고의 행복이며 예전부터 이런 삶을 오복(五福) 중에 하나로 넣었을 것이다.

고대로부터 마늘의 효능은 잘 알려져 있었다. 〈성경〉의 기록에 보면 고대 이집트에서 왕들이 피라미드를 건축할 때 노예들의 건강을 책임진 게 바로 마늘이었다. 열악한 환경인 사막에서 극심한 더위와 중노동을 견디게 한 것이 바로 마늘이었다. 혹독하고 열악한 환경에서 거대 건축물을 지을 수 있었던 스태미나는 바로 마늘의 힘이었다. 이집트인들 자신들도 건강과 스태미나를 증진시키는 데 바로 마늘의 놀라운 효능 때문이었다는 사실을 알고 있었다. 고대인들은 그 당시 과학적인 배경 지식이 없었음에도 이런 사실을 알았던 것은 오랫동안 체험하고 경험했기 때문이었다.

의사들의 의사로 추앙받는 히포크라테스는 자신의 거의 모든 처방에 마늘을 사용하면서 마늘이야말로 최고의 스태미나 식품으로 인정하기도 했다. 또한 올림픽 경기에 출전하는 선수들은 자신의 건강과 스태미나를 위해 마늘을 꾸준히 섭취하기도 했다.

현대의학과 과학은 스태미너를 항산화 작용과 밀접하다는 것을 밝혀냈다. 인간의 생명(生命)을 유지시키는 산소는 인제 내에서 정상적인 대사과징에 대부분 사용되며, 에너지 생산을 위한 체내 산소대사 과정에서 부산물로서 '활성산소'(活性酸素, oxygen free radical)가 발생한다.

활성산소는 신체에 긍정적인 역할과 동시에 부정적인 역할을 하고 있다. 정당한 양의 활성산소는 건강한 세포 분열을 촉진하고 체내에 침입한 세균과 바이러스 등의 병원균을 백혈구가 먹어 치울 때 필요하며, 세균 증식을

억제해 염증을 막기도 한다.

이화여대 분자생명과학부 강상원 교수팀은 활성산소가 세포의 증식을 조절하는 과정을 분자 수준에서 규명해 영국의 과학전문지 '네이처'에 발표하면서 "활성산소가 적당히 있으면 세포가 성장하는 걸 돕고 너무 많으면 세포를 무참하게 죽인다는 사실이 명백해졌다."라고 말했다. 그러나 현대인에게는 스트레스나 불규칙한 식사, 화학조미료 섭취의 증가, 환경호르몬의 섭취 등의 내인성 요인과 흡연, 대기오염, 방사선 자외선, 과도한 운동 등의 외인성 요인의 증가로 오히려 활성산소의 부정적인 요인이 증가한 상태이다.

활성산소는 호흡만으로 우리 몸속에 생겨난다. 정상적인 신진대사에서도 활성산소가 만들어진다. 또한 수많은 질병은 염증성으로 엄청난 양의 활성산소를 만든다. 신체 내에서 만들어진 활성산소는 다시 산화를 일으켜 모든 염증 질환을 포함한 질병을 발생시킨다.

활성산소는 내피세포를 손상시키면서 특히 혈관세포를 공격하여 혈관의 탄력을 잃게 하고 혈전 생성에 작용하여 동맥경화와 협심증 등과 같은 심혈관계 질병을 증가시킨다.

무엇보다도 활성산소의 심각성은 신속하면서도 끊임없이 인체에 손상을 입힌다는 데 있다. 최근 연구를 통해 밝혀진 바에 의하면 인체의 질병 90%가 바로 활성산소에 의해 발생되며, 동맥경화, 당뇨병, 고지혈증 등의 생활습관병은 물론 암, 피부노화와 피부질환 그리고 알레르기성 질환에 이르기까지 거의 모든 질병이 활성산소가 관련되어 있다는 사실을 알아냈다.

마늘은 탄수화물과 칼슘, 철, 비타민 B1, B2, C 등을 많이 함유하고 있어서 마늘을 섭취하면 체내에 축적된 호활성산소를 제거하여 피로회복은 물론 스태미너 축적에 효과가 있다.

성기능 개선

사람의 평균 수명이 연장됨에 따라 성기능 쇠퇴와 이에 따른 관심은 당연한 일이다. 남성의 성기능 저하는 일반적으로 50대 이후 남성 갱년기의 증상 중 하나로, 최근에는 30~40대 발기부전 환자가 늘어나고 있는 실정이다.

과거에는 발기부전의 원인으로 정신적 원인으로 알려졌지만 의학진단의 발전으로 발기부전의 원인의 50%가 신체적 원인으로 밝혀지고 있다. 발기부전의 원인으로는 내분비적인 원인과 신경성 원인, 혈관성 원인 등 다양하다. 발기부전은 음경 해면체 조직 중에 정상적으로 혈액의 유입이 이뤄지지 않아서 일어나는 현상이다.

마늘을 먹으면 남성호르몬과 다른 호르몬의 분비가 증

가하고 활발해지면서 결과적으로 정자수도 늘어나고 농도도 증가한다. 뿐만 아니라 미국의 『영양과학학회지』에서도 "마늘 성분이 남성호르몬 분비를 촉진시킨다. 고단백 식품에 마늘가루를 40% 섭취한 쥐의 경우 28일 후 측정 결과 남성 호르몬이 크게 증가했다."고 발표했다.

마늘이 성기능 향상에 도움이 되는 것으로는 티아민, 알리신 그리고 셀레늄 등의 성분 때문이다. 티아민(비타민B1)은 항 피로비타민으로 불릴 만큼 피로를 이기는 데 도움을 준다. 신체 내에서 티아민은 음식으로 섭취한 포도당을 원활하게 연소시키고 에너지를 효과적으로 사용하게 하는 촉매 역할을 한다. 티아민의 섭취가 많아지면 자연스럽게 에너지 신진대사가 원활해져서 근력이 올라가게 된다. 다음으로 알리신(Allicin)은 마늘만의 독특한 향기 성분으로 마늘을 자르거나 으깰 때 세포가 파괴되면서 화학변화를 통해 알리신이 된다. 이 알리신은 마늘의 여러 가지 성분 가운데 가장 중요한 역할을 한다. 알리신은 피로회복과 건강증진에 탁월한 효과를 보이며 또한 살균·항균 작용은 뛰어나서 마늘액을 조금만 희석한 마늘액에서도 콜레라, 티푸스, 이질균에 뛰어난 항균력을 보인다. 그 다음으로 셀레늄은 현대의학이 주목하는 성분으로 인체에 존재하는 극미량이 존재하지만 이 셀레늄이 부족하면 정자 생성이나 각종 질병에 쉽게 노출된다는 연구 발표가 이어지고 있다. 특히 셀레늄은 정자의 생성과 구조 유지에 중요한 역할을 하기 때문에 남성불임 치료에도 쓰이고 있다.

2. 항암

우리나라 국민소득이 늘고 이에 따른 식습관이 변하면서 이에 따라 국민 1인당 동물성 식품 섭취량이 해마다 증가하고 있다. 식생활의 서구화와 외식이 증가하면서 자연스럽게 지방 섭취와 가공식품의 증가로 이어짐에 따라 질병 역시 서구화되고 있다. 그중에 특히 암, 뇌혈관질환, 심장질환 등은 바로 식습관의 서구화의 영향으로 보고 있다.

암은 인간의 건강과 생명을 위협하는 가장 중요한 질병 중에 하나로 모든 계층, 즉 연령, 성별, 사회, 문화적인 배경을 총망라하여 발생하고 있다. 암은 우리나라 사망원인 1순위로 뽑히고 있다. 미국에서는 폐암과 대장암이 많고, 중국에서는 식도암이 우리나라는 간암과 위암이 많은 것으로 나타났다. 2007년 통계청의 보고에 따르면, 암으로 사망한 비율이 전체 사망자 중 27.6%를 차지했다.

암으로 인한 사망 원인으로 흡연 등 여러 가지 인자의 추정치가 제시되어 있지만 사람에게 걸리는 각종 암의

90% 이상이 매일 먹는 음식물 등 환경에 기인한다고 추정되고 있다. 남성 암의 30~40%와 여성 암의 60%가 음식물과 관련이 있다고 지적되고 있다.

암 발생에 미치는 요인

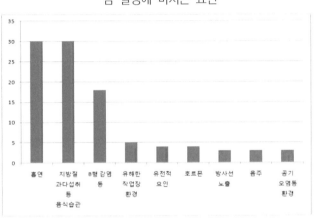

〈자료: 세계보건기구 WHO〉

과거에는 음식물 중에서 잔류농약, 화학 첨가물같이 암을 유발할 수 있는 발암물질에 관한 보고가 많았지만, 현재는 암 예방 성분에 관한 보고가 많아지고 있다.

인류의 공적 1호인 암은 그동안 그렇게나 많은 연구비를 들여 연구해왔지만 아직도 시원스런 해결책이 없다. 미국 의학계는 동양의학을 별로 중요하게 여기지 않았으나 서양의학을 기준으로 아무리 연구해도 암 치료법을 찾지 못하게 되자 이번에는 동양의학에 관심을 돌려 한약재를 비롯한 식물체를 대상으로 암을 예방할 수 있는 자원을 발굴하고자 하였다. 이는 미국의 국립암연구소(National Cancer Institute)가 5년간 막대한 연구비를 투입하여 약용식물, 향신료, 임산물, 과실, 채소, 특용작물 등 거의 모든 식물체를 대상으로 분석한 결과 마늘, 양배추, 감초, 대두, 생강, 셀리과 식물, 양파 순으로 암 예방에 효과가 있는 성분이 다량 함유되었다고 발표하였다.

■ 마늘과 암

마늘이 각종 암을 예방하고 치료하는데 효과를 보인다는 연구발표가 계속 이어지고 있다. 미국 노스캐롤라이나-채펄 힐 대학 연구팀은 전 세계 300건 이상의 연구 결과를 검토한 결과를 발표하면서 "마늘을 꾸준히 먹은 사람에게선 위암에 걸릴 확률이 50% 감소했고, 결장암에 걸릴 확률도 30%나 줄었다"고 연구보고서를 발표했다. 마늘에는 항산화 물질인 폴리페놀과 플라보노이드 등이 암 예방과 치료 효과를 나타내는 것으로 보고 있다. 마늘이 항암에 효과를 보이는 이유는 바로 마늘에 들어있는 알리신이나 설파이드 계열, 셀레늄, 게르마늄 계열이 항산화작용으로 보고 있으며, 또한 한 조사에 따르면, 4대 암의 경우 80%까지 암세포를 없앨 수 있다고 한다.

마늘은 전립샘암에도 탁월한 효과를 보이는데 NCI와 중국의 상하이암연구소 공동연구를 통해서 상하이에 거주하는 전립샘암 환자 230명과 건강한 사람 471명의 식생활을 조사했더니 마늘과 양파를 즐겨 먹는 사람이 전립샘암 발생률이 그렇지 않은 사람보다 50~70%가 낮았다고 발표했다.

이는 마늘에 함유되어 있는 디아릴펜타설파이드의 작용으로 보고 있다. 디아릴펜타설파이드는 항산화 작용을 통해 인체 내 황성 산소로 인한 세포의 돌연변이 유발을 억제하여 암을 예방하며, 발암 물질의 독소를 제거하여 각종 암을 억제하고 치료하는 것으로 보고 있다.

삼성서울병원 암센터 양정현 소장은 마늘의 주성분인 다이알릴 다이설파이드(diallyl disulfide·DADS)라는 성분이 항균력과 소화촉진, 동맥경화 예방, 고혈압 및 뇌졸중 예방, 뇌 대사 촉진과 항암효과 등을 갖고 있다고 아시아유방암학회에서 발표했다.

이 연구팀은 실험실에서 배양한 유방암 세포를 DADS에 노출시킨 결과 DADS의 농도와 시간에 비례하여 유방암 세포의 증식이 현저히 억제되었는데, 이는 마늘의 주성분인 DADS가 유방암 세포의 자연사를 유도한다는 것이다.[27]

3. 심혈관 질환(동맥경화, 뇌졸중, 심장마비 등)

전 세계 사망원인 1위, 국내 사망원인 2위인 심혈관질환은 남성은 40~50대부터, 여성은 50대부터 발병률이 높게 나타난다. 대표적인 심혈관질환 가운데 하나인 심장마비와 뇌졸중을 예전에는 노인성 질환으로 생각하는 경향이 있었다. 그러나 2002년 대한뇌졸중학회에서 발표한 자료에 의하면 경제적 활동이 가장 왕성할 나이인 40~50대의 환자가 전체 환자 중에서 27%를 차지할 정도 중년에게도 위험한 질환이다. 뇌졸중 환자 중 10명 중 약 3명이 40~50대에 발생하고 있다.

뇌졸중 발생의 원인으로 고혈압을 꼽고 있다. 특히 고혈압 환자가 잘못된 식생활로 인해 신체 전체의 동맥 안에 혈전이 생겨 지방질이 축적되어 혈관이 좁아지면 뇌졸중의 위험은 더욱 커진다.

뇌졸중을 예방할 수 있는 방법으로 지속적인 운동으로

---

27) http://news.mk.co.kr/newsRead.php?year=2007&no=31424

건강한 생활습관을 유지하고, 과일과 채소를 꾸준히 섭취할 것을 권하고 있다. 미국 하버드 대학이 미국의학협회지에 발표한 연구 보고서에서 하루에 채소와 과일을 평균 5회 이상 섭취한 사람은 3회 미만으로 섭취한 사람보다 뇌졸중의 위험이 약 30% 낮은 것으로 나타났다. 과일과 채소에는 항산화제인 비타민C와 베타카로틴 등이 풍부하게 함유되어 있기 때문이다.

마늘을 다량으로 섭취하는 사람은 심혈관질환에 잘 걸리지 않는 것으로 조사되고 있다. 이는 마늘의 유효 성분이 악성 콜레스테롤과 중성지방 등의 함량을 감소시키고 줄여주어 혈관 내에 붙어 있는 지질을 감소시켜 줌으로 심혈관 질환을 예방하고 치료하는 데 효과를 보인다.

한국인은 원래 심혈관질환이 적었는데 식습관이 서구화되면서 증가한 질환이 바로 심혈관 질환으로 마늘의 섭취를 늘리는 것으로 심혈관질환을 예방할 수 있다. 지방이 지방을 많이 섭취하면 체내 혈액이 탁해져서 혈류의 흐름이 느슨해지고 이로 인해 혈소판 응집이 발생하는데 마늘을 섭취하게 되면 대사과정에서 발생하는 아조엔(Ajoene)은 이런 혈소판 응집현상을 막아주어 심근경색과 뇌경색 등에 효과를 보인다.

1981년 인도의 R.N.T. Medical College의 보디아 베르마(Bordia A. Verma) 교수팀의 연구에 의하면 심장마

비 전력이 있는 환자의 사망률 연구에서 3년간 마늘 성분인 아조엔(Ajoene)과 디틴(Dithiin)이 고용량 함유된 마늘 오일을 복용자에게 투여한 결과 혈청 내 지질이 급격히 감소했고, 심장마비 재발률이 35%, 사망률이 45퍼센트나 감소했다. 그밖의 실험에서도 마늘의 섭취로 인해 고콜레스테롤 환자에게 투여한 이후 혈중 콜레스테롤이 감소하고, 혈압이 감소하는 등의 연구가 발표되었다.[28]

원광대 사화과학대의 연구에 의해서도 마늘이 협심증과 심근경색 등 효과가 있다고 발표했다. 이 연구에 의하면 마늘의 주산지인 경북 의성, 경남 창영, 남해, 전남 고흥 등 인구 100명당 75세 이상 노인이 6.76명으로,

28) 신덕수, 이창준 〈마늘의 효과: 혈중지질과 항산화 기능을 중심으로〉 제주대학교. 체육과학연구, 제20권, 2014.

대도시의 1.76명보다 훨씬 높은데, 여러 원인 가운데 마늘의 섭취량이 많은 것으로 그 원인으로 보고 있다.

이런 마늘의 효능은 마늘에 함유되어 있는 생리활성 물질인 알리신의 항산화 작용을 통해 염증질환과 지질과산화 등을 개선하는 데 효과를 나타낸다. 뿐만 아니라 마늘에 함유되어 있는 폴리페놀과 플라보노이드 등의 작용으로 콜레스테롤 합성을 억제하며 특히 마늘의 아조엔과 메틸아조엔, 알리신 등은 콜레스테롤의 20~70퍼센트를 억제시키는 효과가 있다.

4. 관절염, 항균 효과

이전에는 류마티스 관절염이 노인성 질환이었지만 점점 전 연령대에서 나타나는 질환이 되었다. 관절염의 원인으로는 자가면역현상, 유전, 바이러스나 세균의 감염, 정신적 스트레스 등 여러 가지 이유가 있다.

현대인에게 많이 발생하는 퇴행성 관절염은 관절을 형성하는 물렁뼈가 손상되고 닳아 없어지면서 생기는 관절염을 일컫는데 관절염 가운데 가장 많이 발병되는 질환이다. 퇴행성 관절염은 특히 65세 이상 고령의 나이에서 발견되는 질환으로 질병관리본부의 조사에 따르면 65세 이상 여성의 절반, 남성의 20%가 이 질환에 걸려 있다.

중년 이후에는 주로 엉덩이, 무릎, 척추에 많이 발생한다.

또한 관절염은 체내에 과다하게 발생한 산화질소에 의해 발병하게 된다. 산화질소(NO)는 인체의 여러 세포에서 발생하며 면역계에서는 항암과 항미생물 작용을 나타내는 방어물질로, 신경계에서는 신경전달물질로, 순환기계에서는 혈관확장물질로 알려져 있다. 그러나 외부의 여러 환경적인 자극에 의해 필요 이상의 과다 생성된 산화질소는 관절염, 패혈증 등의 염증질환을 일으킨다.

마늘은 이런 관절염 예방과 치료에 효과가 있다. 영국의 킹스 칼리지 런던대학교와 이스트 앵글리아 대학의 공동 연구에 의해 마늘이 관절염 예방과 치료에 효과가 있다고 발표했다. 연구진은 관절염 증상이 거의 나타나지 않는 건강한 쌍둥이 1,000쌍을 대상으로 이들의 식생활과 엉덩이, 무릎, 척추의 뼈 상태를 관찰한 결과 마늘, 양파, 부추 등의 채소를 많이 먹은 여성들은 관절염이 늦게 나타나는 것으로 나타났다.

본 연구진은 마늘에 함유된 황화합물인 알리신 등은 체내의 산화질소를 감소시킴은 물론 관절염의 염증을 제거하는데 탁월한 효과가 있다고 발표했다. 뿐만 아니라 마늘의 황화합물인 알리신은 기존의 항생제보다 100배 이상 효과를 보인다고 발표했다. 미국의 〈항균 화학 요법의 저널 Journal of Antimicrobial Chemotherapy〉에 발표된 연구결과에 의하면 가축이나 사람에게 식중독을 일으키는 박테리아인 캄필로박터 균(The Campylobacter bacterium)을 살균효과를 보인다. 이 연구를 진행한 워싱턴 주립대학의 Xiaonan Lu 박사는 "마늘에 들어 있는 항화합물이 인체 내에서 식중독을 일으키는 박테리아를 감소시킬 수 있는 아주 흥미로운 연구였다."고 말했다.[29)]

5. 간기능 개선, 해독작용, 피로회복

간은 인체의 화학 공장으로 불릴 만큼 고혈압과 고지혈증에 문제를 일으키는 콜레스테롤 처리는 물론 에너지 저장, 정상 혈당 유지, 천 여 가지가 넘는 효소를 생산하고, 각종 호르몬의 조절과 약이나 술에 포함한 독소의 제거 등 간의 역할은 정말 중요하다.

현대인은 이런 간을 혹사시키고 있다. 고지방식과 고단백식은 물론 잦은 음주습관, 흡연, 스트레스로 인해 더 이상 간이 정상적인 기능을 할 수 없을 지경에 이르고 있다. 이렇듯 간을 혹사시킨 결과는 당연하다. 최근 통계청 발표에 따르면 만성 간질환과 간암에 의한 사망률은

---

29) http://www.medicalnewstoday.com/

전체 질병으로 인한 사망원인 중 10%를 차지할 정도로 국민 건강에 심각한 지경에 이르렀다.

간은 신체 내의 대부분의 화학반응에 관여하는데 그중에 알코올 대사 비중이 크다. 인체 내 흡수된 알코올은 주로 위장관 내에서 흡수되어 체내 알코올의 80~90%는 간에서 분해된다. 알코올 분해력이 저조한 상태에 지속적으로 알코올을 섭취하게 되면 간질환에 걸리게 되고 더 발전하면 간경변과 간암으로도 진행할 수 있다. 실제로 우리나라에 알코올성 지방간의 유병률이 2007년 조사에 의하면 1990년에 비해 3배나 빠르게 증가하고 있다.

마늘이 알코올성 지방간에 효과를 보인다. 마늘의 알릴설파이드 등 다양한 황화합물을 포함하고 있는데 이들 황화합물은 활성산소를 제거하고 항산화효소들을 활성화시켜 간 독성을 완화시키고 혈액 안의 피로물질을 제거하며 세포 안의 과산화수소에 의한 세포 독성으로부터 보호하는 것으로 밝혀졌다. 고려대학교 식품생명공학과와 (주)바이로랜드 생명공학연구소의 공동연구로 〈한국식품영양과학지〉(2014년) 발표한 연구 결과에서도 마늘이 알코올성 지방간에 효과가 있다고 발표했다. 이 실험에서는 지방간에 유도된 동물로 실험을 진행했는데, 유산균 발효 마늘추출물을 투여한 동물군은 그렇지 않은 동물군과 비교해서 간지방 축적이 개선되었고 손상된 간을 보호하는 데 효과를 보였다.[30]

중국의 산둥 대학교의 공중보건 대학의 독성연구소의 연구에서도, 마늘의 디 알릴 디설파이드(DADS)과 황화합물 등이 에탄올에 의한 손상된 간을 보호하고 치료하는 데 효과가 있다고 발표했다.[31]

또한 정신적, 육체적 피로는 간에 좋지 않은 영향을 끼치게 되는데 피로의 원인은 체내의 에너지 부족과 에너지 대사로 인한 체내 부산물의 축적과 신경자극 전달의 어려움 등이 있다. 현대인들의 만성피로는 단순히 피로감이 아닌 각종 질병을 노출되는 원인이 되기도 한다.

마늘에는 타 식품에 비해 열량이 낮고 특히 비타민 B1,

---

30) 최지휘 외. 『알코올성 지방간을 유발시킨 마우스에서 유산균 발효 마늘 추출물의 간 보호 효과』한국식품영양과학회지, 2014.
31) http//www.medicalnewstoday.com

B2, C 등을 많이 함유하고 있어 스태미나 축적은 물론 빠른 피로회복에도 효과가 있다. 마늘의 알리신은 비타민 B1과 결합하여 훨씬 효력이 강한 알리티아민이라는 성분으로 바뀌어 천연상태의 비타민 B1보다 체내에서 흡수가 빠르고 체내에서 거의 100% 이용된다.[32]

6. 감기

마늘에는 항산화 물질인 알리신, 폴리페놀, 비타민C 다량으로 함유되어 있어 감기와 독감의 예방과 치료에 효과가 있다.

호주의 웨스턴호주 대학 연구팀의 연구결과를 발표한 『Cochrane Library』에 의하면 감기를 예방하고 증상을 완하하는 데 마늘 보충제가 데 효과적인 것으로 나타났다. 이 연구 결과를 살펴보면 감기 환자 146명을 대상으로 마늘 보충제를 12주 동안 섭취하게 했더니 감기 증상이 발병한 날이 5일에서 2일 이하로 크게 줄었으며 증상역시 크게 개선됐다.

이 연구팀은 "그러나 이번 연구결과가 소규모를 대상으로 한 연구인이기보다 대규모 연구를 통해 확증할 필요

32) 김상호 외. 『마늘과 흑마늘의 섭취에 따른 최대 운동 후 피로회복 및 항산화지수에 미치는 영향』 한국사회체육학회지, 2014

가 있지만, 마늘이 감기를 유발하는 바이러스를 죽일 수 있는 바 마늘 보충제가 감기 치료에 효과적일 수 있을 것으로 확신한다"고 강조했다.

일본의 나카이생명과학연구소와 한국산업보건징흥원 등과의 공동연구를 통해 2000년 〈한국식품영양과학지〉에 발표한 논문에서도 마늘이 감기 예방과 증상 완화에 상당한 효과를 보인다고 발표했다.

실험쥐 두 부류로 나눠 한 부류에는 10일 동안 마늘 추출액을 투여한 다음, 다른 한 부류의 실험쥐에게는 백신 접종을 했다. 그런 다음 코를 통해 감기 바이러스를 주입하여 감기에 걸리게 했다. 그렇게 감기에 걸리게 한 뒤 3주 동안 관찰한 결과 마늘을 다량 투여한 실험쥐는 그렇지 않고 백신을 접종한 실험쥐 군보다 무려 10배 이상의 감기예방 효과가 있는 것으로 조사되었다. 이는 감기예방을 위해서 예방 백신보다 마늘 섭취가 더 효과적이라는 것을 보여주는 것으로 마늘이 대체 의약품으로서의 가치가 있음을 보여준다.33)

---

33) Nagai Katsuzi 외『감기 바이러스(인플루엔자) 감염에 대한 마늘의 방어효과』한국식품영양과학지, 2000.

7. 알츠하이머성 치매

마늘은 세계 노화 학자들이 노화방지 식품으로 주목하는 1순위 식품이다. 특히 마늘은 뇌세포 퇴화를 막는 효과가 크다고 알려졌는데, 이는 마늘에 풍부하게 함유된 아연 성분과 알린이라든가 S-아릴시스테인 등의 항산화 물질 때문이다. 그런 항산화 물질들이 아세틸콜린의 양을 증가시키고 또 신경세포의 재생이나 신경세포의 생존을 높여서 치매를 예방하는 효과를 거둘 수 있다.

부경대 최진호 교수와 한림대 김동우 교수팀은 일본 교토대학에서 열린 국제학술대회에서 발표한 『뇌의 기억, 학습장애에 미치는 양파와 마늘 추출액의 투여효과』라는 보고서를 통해 아래와 같은 연구결과를 밝혔다.

수명이 1년 정도인 치매 모델 쥐(SAMP8)에게 마늘과 양파의 에탄올 추출물을 8개월 동안 투여한 결과 이 성분을 투여하지 않은 쥐에 비해 치매의 대표적 증상인 기억과 학습장애 억제효과가 큰 것으로 나타났다는 것이다. 마늘을 투여한 쥐는 기억시험에서는 22.5%가 증가하고, 뇌세포 중에 존재하는 신경전달물질인 도파인의 함량은 10%가, 대사산물에 대한 세로토닌도 35%까지 늘었다. 신경세포에 강력한 독성으로 작용하는 활성산소의 생성억제효과도 55%까지 증가하는 등 마늘과 양파의 치매예방과 치료 가능성이 입증되었다.

최진호 교수는 "마늘과 양파 추출물을 장기 투여할 경우 뇌신경계통의 활성화에 큰 보탬이 되고 신체 노화도 상당 부분 억제해 노인성 치매를 효과적으로 예방할 수 있다"고 밝혔다.

8. 피부미용

피부노화에는 크게 세월의 흐름에 따라 나타나는 내인성 노화, 햇빛과 같은 환경요인에 의한 외인성 노화가 있다. 내인성 노화는 인체의 신진대사과정에서 발생하는 활성산소에 의한 세포 손상이라면, 외인성 노화는 자외선에 노출되어 피부에 활성산소가 발생하는데 그 차이가 있다.

마늘에는 피부에 좋은 비타민이 풍부하게 들어 있을 뿐아니라, 혈액을 정화하는 성분이 들어 있다. 피가 맑아지면 혈액 순환이 잘 되어 자연히 피부도 좋아진다. 피부노화의 원인이 되는 활성산소의 발생을 억제하는 성분이 있어, 피부노화를 막고 잔주름을 예방하는 효과를 나타낸다. 마늘은 비타민(특히 비타민B1)의 흡수를 촉진하기 때문에 다른 채소, 과일과 섞어 먹으면 피부 미용에 좋다.

9. 우울증

우울증에는 비타민 B1이나 B2 · B6 · B12 등이 함유된 채소나 알칼리성 식품을 섭취하는 게 좋다. 이들 비타민이 부족하면 우울증을 부추긴다. 비타민 B12는 신경과민을 약화시키고 정신적 평온 상태를 유지하는 데 도움이 된다.

마늘에는 칼륨, 칼슘, 철, 인, 나트륨의 무기질이 풍부하게 들어 있어 우울증 해소에 좋은 채소다. 특히 마늘에 들어있는 알리신은 비타닌 B1의 흡수를 촉진히는 역할을 한다.

원본으로 살아가라

"그는 그늘에서 그림자를 쉬게 하고 조용히 멈추어 발자국을 쉬게 할 줄 몰랐으니 어리석음이 또한 심하지 않느냐!"《장자, 어부》

자존감과 성격

최근에 '자존감'이라는 단어가 많이 회자되고 있습니다. 이 자존감은 인생의 성공과 실패는 물론 행복과 불행을 다룬 책에서도 다뤄지는 중요한 키워드이기도 합니다. 사람마다 자존감을 느끼는 정도가 다르게 나타나는 데 그 차이는 크게 두 가지로 나눠서 생각할 수 있습니다. 바로 타고난 성격과 교육에서 차이가 발생합니다.

성격은 아이로 태어날 때 가지고 태어난 것을 기질이라고도 합니다. 이론상으로는 아버지와 어머니 절반씩 닮아야 하지만 아이의 성격이 부모의 반반 닮은 아이는 거의 없습니다. 최근 연구에 의하면 아이의 성격은 50%는 유전적 영향을 받으며, 태어나서 초등학교에 들어가기 전까지 25%가 완성됩니다. 한 사람이 태어나 100년 가까이 살면서 평생을 가지고 살아가야 하는 성격의 75%가 부모의 영향을 받는 것입니다. 그리고 나머지 25%는 10대부터 40대에 이르기까지 경험으로 생성되는 것입니다. 결국은 어떤 부모에게서 태어나고 어릴 때 환경이 어떤 삶을 사느냐가 한 사람의 인생을 결정하는 셈입니다.

교육도 한 사람의 성격을 결정짓는 데 중요한 역할을 합니다. 교육이 시작되면서 자신이 어떤 존재인지를 깨닫기도 전에 타인과 끊임없이 비교당하면서 그 경쟁에서 이기는 법을 배우는 데 초점이 맞춰져 있다보니 올바른 성격과 자존감 형성이 이뤄지지 않습니다. 일 예로 미국의 교육은 '내 안에 있는 것은 무엇인가'를 궁금해 한다면, 한국 교육은 '내 안에 무엇을 넣어야 할 것인가'처럼 차이를 보입니다. 진짜 교육은 기준점을 밖에 두고 사람을 맞추는 방식이 아니라, 안에 두어야 합니다. 그리고 그 기준점에 맞춰 교육이 이뤄져야 합니다. 타인에게 기준점이 있다는 것은 좋은 대학, 좋은 직장, 좋은 환경에 자신을 비교하는 태도입니다. 그에 비해 자존감이 있는 사람은 기준점을 자신에게 둘뿐더러 타인과 다름을 두려워하지 않습니다. 자존은 타인과 같음이 아니라 다름입니다. 걸음도 다르고, 생각고 다르고, 내 방식으로 삶을 살아가는 것입니다.

"우리는 원본으로 태어나서 복사본으로 죽어간다." 자신에게 기준점이 없을 때 이런 삶을 살게 됩니다.

헨리 포드가 영국에 왔을 때의 일입니다. 그는 공항 안내소에서 그 도시에서 가장 싼 호텔을 물었습니다. 바로 전날 그가 온다는 기사와 함께 신문에 그의 사진이 크게 실렸었습니다. 그런데 그가 무척 낡은 코트를 입고 여기에서 가장 값싼 호텔을 묻고 있는 것입니다. 그래서 안내원이 물었습니다.

"혹 실수가 아니라면 당신은 헨리 포드 씨지요?"

"맞습니다."

이 사실은 안내원을 매우 놀라게 했습니다.

"저는 당신의 아들이 이곳에 온 것도 보았습니다만, 그는 항상 가장 좋은 호텔을 찾았고 최고급의 옷을 입고 있었습니다."

헨리 포드는 말했습니다. "맞습니다. 내 아들의 행동은 과시적입니다. 나에게는 값비싼 호텔에 묵든, 가장 값싼 호텔에 묵든 나는 헨리 포드이며 그런 것이 어떤 차이를 만들어내지 않습니다. 내 아들은 아직 익숙하지 않습니다. 그래서 그는 사람들이 값싼 호텔에 묵는다고 생각할까봐 두려워합니다. 이 코트는 나의 아버지에게 물려받은 것이며, 새 옷과 어떤 차이도 나지 않으므로 나는 새로운 옷이 필요가 없습니다. 그 옷이 어떤 것이든 나는 헨리 포드입니다. 내가 벌거벗고 서 있다 해도 나는 헨리 포드이며 그것은 전혀 어떤 차이도 만들어 내지 않습니다."

공자와 어부와의 대화

공자는 부끄러워하면서 탄식하고 두 번 절하고 일어나서 말했다.

"저는 노(魯)나라에서 두 번 추방되었으며, 위(衛)나라에서는 발자취까지 모조리 지워졌으며, 송(宋)나라에서는 큰 나무가 잘려 그 밑에 깔릴 뻔 하였으며, 진(陳)나라와 채(蔡)나라 사이에서는 포위되는 어려움을 만났으니, 저는 스스로 잘못한 것을 모르겠는데 이 같은 네 가지 치욕을 당한 것은 무슨 까닭입니까?"

그러자 객(어부)은 애처로이 여기며 태도를 바꾸고 말했다.

"심하구나. 그대가 깨닫지 못함이여! 어떤 사람이 자기 그림자를 두려워하고 자기 발자국을 싫어하여 그것을 떨쳐내려고 달려 도망친 자가 있었는데, 발을 들어 올리는 횟수가 많으면 많을수록 그만큼 발자국도 더욱 많아졌고 달리는 것이 빠르면 빠를수록 그림자가 몸에서 떨어지지 않았는데, 그 사람은 스스로 자신의 달리기가 아직 더디다고 생각해서, 쉬지 않고 질주하여 마침내는 힘이 다하여 죽고 말았다. 그는 그늘에서 그림자를 쉬게 하고 조용히 멈추어 발자국을 쉬게 할 줄 몰랐으니 어리석음이 또한 심하지 않느냐!"《장자, 어부》

본문에 공자가 등장하고 있습니다. 공자는 과거 노나라에서 두 번이나 추방당하고, 다른 나라에서는 여러 차례 목숨이 위태로웠었는데, 공자는 왜 이런 어려움을 겪어야 하는지 모르겠다고 한탄하고 있습니다. 이 말을 듣던 어부(漁夫)가 한 말이 본문의 말입니다.

"심하구나. 그대가 깨닫지 못함이여! 어떤 사람이 자기 그림자를 두려워하고 자기 발자국을 싫어하여 그것을 떨쳐내려고 달려 도망친 자가 있었는데, (...) 그 사람은 스스로 자신의 달리기가 아직 더디다고 생각해서, 쉬지 않고 질주하여 마침내는 힘이 다하여 죽고 말았다."

어부는 공자에게 이렇게 말하고 있습니다. '자신의 그

림자가 싫어서 도망치지 마라.' '남을 바꾸기 전에 자신의 모습을 봐라.' 그리고 '자신의 부족함을 버리기 전에 찾아라.' 어부는 공자에게 자신의 찾을 것을 당부하고 있습니다.

자존감, '내가 바라보는 나'

자존감은 밖에 있는 기준점에 자신을 바꾸는 것이 아니라 내 안의 나를 찾는 과정이며 드러나는 과정이라는 말입니다. 우리에게는 세 가지 '나'가 있습니다, '타인에게 보여주고 싶은 나', '타인에게 객관적으로 보이지는 나', '내가 바라보는 나' 이렇게 세 가지로 구분할 수 있습니다. 여기서 가장 중요한 '나'는 바로 '내가 바라보는 나'입니다. 그러나 현실에서는 남에게 보이는 나에 많은 시간과 노력을 기울입니다. 나를 바라보니 지나치게 작게 느껴집니다. 포장마차에서 오징어튀김을 먹다 보면 튀김옷에 비해 오징어가 지나치게 작은 것을 종종 발견하곤 합니다. 오징어가 작으니 튀김옷으로 부풀리는 얄팍한 상술에 씁쓸한 경험이 있을 겁니다. 오징어가 작으면 오징어를 키워야지 튀김옷으로 부풀려서 그럴듯하게 보이는 것은 기만입니다. 이를 포장마차 '오징어 튀김이론'이라고 합니다만 자존감은 튀김옷 안의 '작은 오징어', 곧 '내가 바라보는 나' 그 자체입니다.

베스트셀러 작가이자 교수인 장바이란은 자신의 책 《내일이 보이지 않을 때, 당신에게 힘을 주는 책》에서 한 장난감 회사를 소개합니다.

"미국에서 한 장난감 회사는 심각한 경영난을 겪었습니다. 고민에 빠진 사장을 심란한 마음을 달래고자 차를 타고 교외로 나가 산책을 했다. 그러다가 거리에서 아이들이 더럽고 못생긴 곤충을 잡으며 놀고 있는 모습을 발견하고 의아한 생각이 들었다. 그는 아이들을 유심히 관찰하던 중 기발한 생각이 떠올랐다. '현재 시장에는 바비 인형이나 잘생긴 해군 인형 등 예쁜 장난감이 넘쳐나서 아이들도 식상해 하고 있어. 못생긴 인형의 출시되면 아이들이 좋아해줄까?' 그는 즉시 회사로 돌아가 디자이너들에게 '어글리 토이'에 관한 연구를 시작하라고 지시했다. 그리고 흉측하게 생긴 '병균 인형' '못생긴 남편' 혐오스럽게 생긴 '악취 인간' '냄새나는 강아지' '구토 인형' 등을 시장에 잇따라 출시했다."

이 회사가 출시한 '어글리 토이'는 값이 만만치 않았지만, 시장에서 선풍적인 반응을 일으켰고, 날개 돋친듯이 팔려나갔으며, 전국적으로 '어글리 토이' 열풍을 일으켰습니다.

자존감은 '내가 바라보는 나'의 또다른 표현입니다. 자존감은 자신이 타인에 비해 '부족하냐' '우월하냐'의 관점에서 벗어나며, 또한 타인의 시선으로부터 자유로운 상태입니다.

어부는 공자에게 다음과 같이 권면하면서 대화를 마칩니다.

"그늘에서 그림자를 쉬게 하고 조용히 멈추어 발자국을 쉬게 할 줄 몰랐으니 어리석음이 또한 심하지 않느냐!"

GREEN FOOD-양배추

양배추의 역사

　양배추의 원산지는 정확하게 밝혀지지는 않았지만, 많은 식물학자와 식품영양학자들은 지중해 연안과 소아시아로 보고 있다. 서부 유럽 토착민들이 야생 채소의 하나로 이용을 한 것으로 추정하고 있다. 야생 양배추는 결구된 형태가 아니었으며 잎은 지금보다 더 두껍고 거칠었다. 야생종은 지금도 유럽과 지중해의 바닷가와 섬에 남아 있다.

이것을 최초로 이용한 것은 기원전 2,500년 경 프랑스 서부 국경지대인 피레내 산맥 지방에 살고 있던 바스크인들이었으며, 기원전 600년경 유럽 중서부에 살던 켈트족(族)이 유럽 곳곳에 전파한 것으로 알려진다. 기원 전후에는 로마인들에 의해 불결구형 양배추가 잎수가 많아지고 잎이 포개지는 결구형으로 개량되었다고 전해진다.

양배추는 고대 유럽인들에게도 영양과 약리적 효능을 잘 알고 있었다. 특히 고대 그리스와 로마에서는 믿을 수 없을 성도노 열광적으로 양배추를 애호했다.

고대 그리스의 철학자로 박물학자이며 세계 최초의 식물학자인 테오프라스토스(BC 371~BC 287)가 처음에는 플라톤의 제자로 있었다가 아리스토텔레스 밑에서 활동하면서 많은 저술을 남겼는데, 그의 공적은 스승의 생물 연구를 식물 연구로 확대하여 식물학을 확립시킨 인물이다. 그의 명저 중에 하나인 《식물에 관한 연구》를 보면 그 당시 아테네에서 재배된 세 가지 양배추 품종에 관해 상세하게 기록하고 있다.

또다른 철학자인 크리시포스는 그 당시에 벌써 양배추가 인체 각 기관에 어떤 영향을 미치는지 연구하여 논문을 남길 정도였다.

수학자로 잘 알려진 피타고라스(BC 582년?~BC 497년?)는 종교가이면서 철학자이기도 했다. 아울러 그는 채식주의자이기도 했는데, 그는 양배추의 그 효용을 설명하고 품종 개량을 시도했다고 전해진다. 피타고라스는 양배추가 원기를 나게 하고 기분을 침착하게 만들어주는 채소라는 것을 알고 있었다.

고대 로마인들도 양배추를 '만병통치약'으로 이용했을 만큼 인기가 높았다. 고대 로마의 감찰관이었던 대(大) 카토(Cato: 기원전 234~149년)는 그의 저서 《농업론(기원전 160년)》에서 양배추의 소화촉진작용을 역설하고 세 가지 품종을 언급했는데, 그 하나는 잎이 서로 겹쳐 큰 구(球)로 되어 있다고 쓰고 있어 결구성이 있음을 알 수 있다. 카토는 "양배추는 화농한 상처와 그리고 달리 치료 방법이 없을 때에도 그것들을 치료한다"라고 할 정도로 고대 로마에서는 만병통치약으로 사용되었다. 16세기의 한 역사가는 이 당시의 모습을 "고대 로마의 사람들은 의사들을 공화국에서 추방해 버리고 여러 해 동안 모든 병에 양배추를 이용함으로써 건강을 유지했다"라고 기록했다.

알렉산더 대왕은 대원정 중에도 병사들에게 틈만나면 "양배추를 많이 먹어라, 양배추는 몸에 좋다"라며 열심히 권했다고 한다. 그 덕에 아시아에까지 양배추가 전해지게 되었다.

독일과 러시아는 중세에 이르러 보급이 되기 시작했는데, 양배추 초절임인 사우어크라우트는 독일 요리에서 빠질 수 없는 요리로 오늘날까지 여전히 사랑받고 있는 음식이다.

중국은 17세기 경 네덜란드에서 남중국 지역에 도입하여 재배했으며, 일본은 1850년대에 외국인 거류 지역에 재배하면서 일본인에게 알려졌고, 1874년에 유럽과 미주 지역으로부터 품종을 들여와 홋가이도에서 본격직으로 재배했다.

양배추의 효능

1. 위 · 십이지장궤양

■ 위염 · 위궤양의 발병

내시경 검사 10명 중 1명이 위·십이지장궤양 환자! 한국인에게 가장 흔한 질병인 위염, 위궤양은 우리나라 10대 만성질환이며 위암 발병률도 매우 높아, 전체 암 중에서 위암이 차지하는 비율은 약 20%에 이른다.

위염과 위궤양 등과 같은 위장질환이 많이 발생하는 원인으로는 스트레스와 영양 불균형, 불규칙적인 식사와 과식하는 습관, 짜고 매운 음식을 즐기는 것 그리고 해열제, 진통제의 장기적인 복용, 음주와 흡연 등으로 꼽고 있다.

위는 소화와 살균을 위해 펩신과 위산을 분비하게 되는데, 위산은 강한 산으로 대부분의 세균과 미생물을 멸균시킨다. 이렇게 강한 산이 위에 영향을 주지 않는 것은 위의 내벽에 뮤신이 분비되어 위벽과 점막을 보호하기 때문이다. 그러나 스트레스와 과음과식, 잘못된 식습관으로 종종 위산과다로 인해 위염과 위궤양을 유발시킨다. 위궤양의 심각성은 점막에 구멍이 뚫리는 '천공'으로, 이 구멍을 통해 위산이 흘러나오면 복막염 등 치명적인 질병을 일으키기도 한다. 특히 위궤양은 주로 40대 이상 중년층에 많이 발병되며, 그중에서도 여성보다는 남성에게 더 많이 나타나고 있다. 위염·위궤양·위암을 3대 위장병이라고 부른다.

한국인이 위장질환이 많이 발생하는 원인으로는 잘못된 식생활 습관으로 보고 있다. 한국인이 즐겨 먹는 찌개·국·김치·젓갈 등은 모두 염도가 매우 높은 음식이다. 짠 음식은 지속해서 위 점막을 자극할 뿐만 아니라 위궤양도 유발한다. 염분은 위 점막에 위축성 위염을 일으키며, 위 세포의 변형을 촉발해 위암의 발병 위험을 높인다고 알려져 있다.

역학 조사를 통해서도 짠 음식을 지속적으로 섭취하면 위암으로 발전할 수 있는 위염 발생 위험이 2배 이상 증가하는 것으로 밝혀졌다. 세계보건기구인 WHO에서 권장하는 염분의 하루 권장량이 6g이지만 일반적인 염분 섭취량은 권장량의 3~4배가 넘는 실정이다. 염분 섭취량이 증가하면 위암 발생률도 높아진다는 것이 의학계의 정설이다.

헬리코박터 파일로리균

최근에는 위장질 환의 주된 원인으로 헬리코박터 파일로리균을 지목하

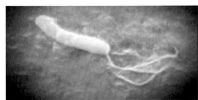

고 있다. 1982년 헬리코박터 파일로리균이 등장하기 전에는 위장에서 발생하는 위염 및 위궤양의 주범이 주로 위산으로 설명되어 왔고 대부분의 치료도 위산을 줄이는 것에 초점을 맞추어 왔다. 그런데 마샬(Marshall B. J) 박사에 의해 헬리코박터 파일로리균이 발견되고 이 균이 위염 및 궤양의 원인임을 밝혀냈다.

헬리코박터 파이로리균에 감염된 대부분 환자들에서 위염이 생기고, 감염을 치료하면 위염이 소실된다. 위·십이지장궤양 환자의 90%가 헬리코박터 파이로리균에 감염

이 된 것으로 보고되고 있으며, 이 균을 치료하면 상당수의 궤양 환자에서 재발이 억제된다.

위암의 발생 원인인 헬리코박터 파이로리균은 전 세계 인구의 50%가 감염되어 있고, 한국인은 75%가 감염되어 있다.(2002년 기준) 이 세균은 위궤양과 십이지장궤양에 관련 있어서 현존하는 가장 강력한 위장질환 발병 요인 중의 하나로서 1994년에는 WHO에서 발암물질 제1군으로 지정했다. 우리나라는 세계 어느 곳보다 위암 발생이 높은데(사망 원인 2위) 75%에 달하는 헬리코박터 감염율과 관련이 있다. 헬리코박터가 없는 사람에게는 위암이 거의 발생하지 않는다.

■ 양배추와 위장질환

양배추와 브로콜리와 같은 십자화과 식물은 위 점막을 보호하고 손상된 위점막을 회복하는데 효과를 나타낸다. 특히 양배추는 대표적인 위암 예방 식품이다.

양배추의 항궤양 효과는 인류 역사 4,000년의 경험을 통해 알려져 왔다. 고대인들은 양배추가 위장질환에 효과가 있음을 주목하고 각종 질병에 처방해 왔다.

고대 그리스 의사로, 의학의 아버지라 불리는 히포크라테스(약 BC 460년~약 BC 370년)는 급성 장염환자에게 소금물에 양배추를 넣어 끓인 스프를 처방하기도 했다.

근대의학에서 1949년 스텐포드 의학대학 교수인 가넷 체니 박사(Dr. Garnett Cheney)에 의해서 양배추가 위궤양 치료에 효과가 있다는 것이 규명되었다. 그는 1948년에는 양배추를 첨가한 식품이 동물의 궤양 발생을 억제한다는 것을 사실을 밝혀내고, 이듬해에는 양배추즙으로 위궤양 환자 65명 중에 62명이 3주만에 완전히 치료하는데 성공하였다. 그리고 가넷 체니 박사는 1954년에 양배추즙 안에 위궤양을 치료하는 유효 성분이 함유되어 있음을 입증했다. MMSC, 즉 메틸-메티오닌-설포늄클로라이드)라는 성분이 위 점막에서 분비되는 호르몬인 프로스타글란딘의 생산을 촉진하고, 위산이나 다른 자극으로부터 위벽을 보호하는 탁월한 효과가 있다고 학계에 보고하였다.[34] 이후 궤양치료에 효과를 보이는 이 물질을 궤양을 뜻하는 'Ulcer'의 앞 글자를 따서 '비타민U'라는 이름을 붙였다.

비타민K

양배추에는 비타민K가 풍부하다. 비타민K는 혈액 응

---

34) Garnett Cheney. RAPID HEALING OF PEPTIC ULCERS IN PATIENTS RECEIVING FRESH CABBAGE JUICE. 1949.

고, 뼈의 광화 작용, 세포 성장 조정 등에 중요한 역할을 한다. 비타민K는 궤양으로 인한 장내 출혈을 막아준다. 양배추가 위궤양 예방식품으로 통하는 것은 이 두 비타민U와 비타민K 덕분이다. 한 연구에 따르면 미국인의 73%가 비타민K 적정량 섭취를 하지 않고 있다고 한다.[35] 비타민K의 섭취량이 부족하면 쉽게 멍이 들고, 피가 나며 골다공증이 발생하기 쉽다. 또한 비타민K는 석회화나 동맥경화를 예방한다는 사실이 밝혀졌다.

〈각 식품별 비타민K의 함량〉[36]

식 품	비타민K 함량
방울 양배추 1컵(조리한 것)	460mg
브로콜리 1컵(조리한 것)	248mg
콜리플라워 1컵(조리한 것)	150mg
근대 1컵(조리한 것)	123mg
시금치 1컵(생으로)	120mg
쇠고기 100그램	104mg

---

35) Moshfegh, Goodman, and Cleveland, "What We Eat in America, NHANES 2001-2002."
36) NorthwesterNutrition, "Nutrition Fact Sheet: Vitamin K," Northwestern University.

양배추에는 다양한 위암 예방 성분이 들어 있다. 글루코시놀레이트는 인체 내에서 소화되는 도중에 아이소사이오시아네이트(ITC), 인돌-3-카비놀(I3C), 아릴 시아나이드, 설포라판 등을 생성한다. ITC는 발암물질이 몸 밖으로 빨리 배출하도록 관여하는 물질로 알려져 있다.

설포라판은 1992년 미국 존스홉킨스 대학 폴 탤러리 박사팀에 의해 강력한 항산화 효과를 지닌 것으로 밝혀진 물질이다. 특히 이 연구팀의 보고에 따르면 설포라판은 위암 발생과 관련된 헬리코박터 파일로리균의 활성을 억제하는 것을 확인되었으며, 동물실험에서는 실제로 위암의 발성을 억제하는 것으로 밝혀졌다.

2. 항암

양배추가 서양에서는 3대 장수식품(요구르트, 올리브, 양배추) 중 하나로 꼽힐 만큼 좋은 영양 성분을 듬뿍 갖고 있다. 많은 역학적 연구 관계 양배추의 섭취는 위암, 폐암, 대장암, 유방암을 비롯한 각종 암의 발병률을 저하시키는 것은 물론이며, 치료에도 상당한 효과가 있는 것으로 증명되고 있다.

양배추에는 글루코시놀레이트가 존재하는데, 이 성분은

씹거나 또는 소화 과정 중에 아이소사이오시아네이트 (ITC), 인돌-3-카비놀(I3C), 아릴 시아나이드, 설포라판 등을 생성한다. 특히 ITC는 다단계 발암과정의 전 단계에 걸쳐 암예방 효과가 있는 것으로 알려져 있다.

ITC는 발암물질 활성화에 관여하는 효소의 활성을 억제하며, 해독에 관여하는 효소의 활성을 증가시킴으로써 발암물질이 몸 밖으로 쉽게 빠져나가도록 하는 역할을 한다.

ITC와 또 다른 성분인 인돌-3-카비놀은 직장암 세포의 세포 사멸을 유도하고, 대장과 간의 비정상적인 낭종의 형성을 억제한다는 사실이 여러 실험에서 보고되었으며, 배양된 유방암 세포의 성장을 억제하며 효과도 나타났다. 특히 설포라판은 위암 발생의 주요한 인자인 헬리코박터 파이로리의 활성을 억제에 효과를 나타낼 뿐만 아니라,

동물실험에서 발암물질에 의해 유발된 위암의 생성을 저해하는 것을 밝혀졌다.

미국 버클리의 캘리포니아 대학 연구진은 브로콜리와 양배추 속에 들어있는 항암 성분이 유방암과 전립선암을 빠르게 진행시키는 효소의 활동을 약화시켜주는 것으로 밝혀냈다. 이 항암성분이 바로 인돌-3-카비놀(I3C) 인데 캘리포니아 대학 연구진은 이번 연구에서 I3C가 암세포 성장을 멈추게 하는지와 이 화학물질을 이용해서 유방암과 전립선암을 보다 더 광범하게 치료할 수 있는 근거를 처음으로 규명했다.

이 연구에서 I3C가 엘라스틴 분해효소를 억제하는 것을 밝혀졌는데, 이 효소의 수치가 낮을수록 환자의 화학요법과 내분비 치료에 상당한 효과를 나타낸다. 즉 엘라스틴 분해효소가 암을 악화시키는데, 양배추에 함유되어 있는 I3C는 이 엘라스틴 분해효소를 억제하여 유방암 세포의 성장을 저해하게 되는 것이다. 이미 십자화과 채소의 항암효과는 알려져 있었지만 이 연구로 I3C가 엘라스틴 분해효소에 영향을 미쳐서 대단한 항암효과를 나타내고 있음을 규명하였다.[37]

---

37) H. H. Nguyen et al., 「The dietary phytochemical indole -3-carbinol is a natural elastase enzymatic inhibitor that

이탈리아의 Galeone C의 연구팀은 양배추가 비뇨기과 종양인 신장암, 방광암, 전립선암에 대해서도 효과를 나타낸다고 연구 결과를 발표했다. 양배추의 피토케미컬(phytochemical)이 다량 함유되어 있어서 양배추를 비롯한 채소와 과일섭취 등의 식이요법은 이러한 비뇨기과 종양의 예방에 효과가 있는 것으로 알려져 있다. 특히 청록색 채소와 양배추나 브로콜리 등과 같은 십자화과 식물에 다량 함유된 플라보노이드와 섬유소는 신장암 발생을 낮추는 효과가 크다는 연구 결과이다.[38]

미국의 Michaud DS 교수팀도 신장암과 마찬가지로 채소와 과일의 섭취는 방광암의 발생을 낮추는 효과가 있다고 보고하면서 특히 양배추와 브로콜리가 가장 유의한 효과를 보인다고 보고했다.[39]

시애틀의 프레드 허친슨 암 연구센터의 존 포터 박사는 식물성 항암성분을 '발암 물질을 막는 작용'과 '발암 물질로 시작된 나쁜 변화를 억제하는 작용'으로 구분하고

disrupts cyclin E protein processing」 University of California, Berkeley.

38) Galeone C, Pelucchi C, Talamini R, Negri E, Montella M, Ramazzotti V, et al., Fibre intake and renal cell carcinoma: a case-control study from Italy. Int J Cancer 2007.

39) Michaud DS, et al. Prospective study of dietary supplements, macronutrients, and risk of bladder in US men. 2000.

있다. 이것을 바탕으로 스미스 박사팀은 양배추에는 알릴 계열의 피토케미컬이 풍부하여 암세포 증식을 막는다고 발표했다.

그래함 박사는 양배추를 적어도 한 주에 한 번 이상 먹은 사람은 한 달에 한 번 혹은 이보다 적게 먹은 사람들보다 결장암에 3분의 2 적게 걸렸다고 발표했다.[40]

3. 항산화 효과

양배추는 대표적인 항산화제인 비타민C가 다량 들어 있다. 비타민C의 함유량은 40㎎ 이상(100g당) 이상으로 토마토의 두 배 이상이나 많이 들어있다.

비타민C의 강력한 항산화 작용으로 활성 산소의 공격으로부터 세포를 보호하여 성인병을 예방하고 노화를 방지하는 작용을 한다. 또한 비타민C는 멜라닌 색소의 합성작용을 저해하는 작용이 있어 기미, 주근깨의 예방 및 치료에 사용된다.

양배추는 손쉽게 구할 수 있는 채소이면서 양질의 무기질을 제공하기에 서양에서 양배추는 '가난한 사람들의 의

---

40) Graham S. Diet in the epideilology of cancer of the colon and rectum. 1978.

사'로 불리고 있다. 예일대 그리핀 예방연구센터 데이비드 카츠 소장이 현재까지 약 5만 개 식품을 대상으로 비타민·단백질·식이섬유·칼슘 등 종합적인 영양을 분석해 점수를 매긴 결과 채소 중에서는 시금치 · 아스파라거스 · 브로콜리 등과 함께 100점을 받았다.

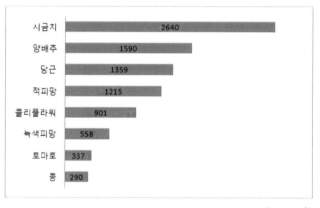

〈채소의 항산화 효과(ORAC)의 비교〉

채소	ORAC
시금치	2640
양배추	1590
당근	1359
적피망	1215
콜리플라워	901
녹색피망	558
토마토	337
콩	290

(100g 당)

4. 다이어트, 장청소, 변비

현대인에게 부족한 영양소가 있다면 단연 식이섬유이다. 국민건강 영양조사에 따르면 1970년대의 곡류소비가

84%이었으나 2001년도의 곡류 소비는 56%로 크게 감소했다. 이런 식생활의 변화는 식이섬유 섭취량에도 변화를 가져다주었는데, 1970년대의 식이섬유 섭취량이 하루에 24.46g에서 2001년에는 6.6g으로 크게 줄었다.

식이섬유는 장건강은 물론 인체 모든 분야의 건강과 직결된 중요한 물질이다. 식이섬유의 다양한 기능은 특히 퇴행성 질병 예방에 매우 중요하다. 현대인의 식이섬유의 부족은 변비와 대장암이 증가하는 것으로 확인이 되고 있다. 식이섬유는 장운동을 활발하게 해주고 변비, 과민성대장증후군, 치질 등의 장 질환을 예방해준다. 또 소장의 운동성을 촉진해 배변을 원활하게 하고 인체에 유해한 균의 활동을 억제한다. 식이섬유는 장내에 축적된 노폐물과 숙변을 쓸어낼 뿐만 아니라 독소와 중금속 등의 환경물질, 그리고 장내에 기생충을 배출하는 역할을 한다.

식이섬유는 특히 담즙산의 분비를 조절하는 역할을 하는데 혈중 LDL 콜레스테롤 수치를 낮춰주기도 한다. 대장 안에 쌓여 있는 독소를 계속 밀어내려면 하루에 식이섬유 25~30g이 필요한데, 양배추는 훌륭한 식이섬유 공급원으로써 유해 독소의 해독 기능이 뛰어난 식품이다.

최근 전 유럽에 걸쳐 50만여 명의 사람들을 대상으로 한 실험에서 식이섬유 섭취와 대장암과의 관계를 연구했는데, 하루에 약 34g의 식이섬유를 섭취한 사람의 20%가 하루에 약 13g의 식이섬유를 섭취한 사람들의 대장암의 위험보다 42%나 낮았다는 연구 결과가 발표되었다. 식이섬유의 섭취는 대장암의 발생을 낮춘다는 것을 증명해 준 연구 결과였다.[41]

양배추는 다이어트 식품으로 적합하다. 일반적으로 식이섬유가 풍부하면 다른 영양소는 부족하기 쉽지만 양배추에는 식이섬유가 나랑으로 함유되어 있을 뿐만 아니라 각종 영양 성분이 포함되어 있어서 다이어트 식품으로 적합하다. 양배추에는 비타민A, C, 비타민U, K도 함유되어 있고, 필수 아미노산인 라이신도 풍부하게 함유되어 있어서 다이어트 식품으로 안성맞춤이다.

심장외과에서 수술을 앞두고 실시되는 '7일간 체지방감소다이어트'의 주재료도 양배추가 이용되고 있다. 이 다이어트는 수술을 앞두고 빠른 감량을 위해 사용하는데 지방 연소와 체내의 불순물을 신속하게 배출하는 효과를 보인다.

---

41) T. Colin Campbell, Ph. D., Thomas M. Campbell Ⅱ. THE CHINA STUDY. BenBella Books. 2005.

5. 뇌졸중

뇌졸중을 노인성 질환으로 생각하는 경향이 있지만 대한뇌졸중학회에서 2002년에 발표한 자료를 살펴보면, 가장 경제적 활동이 왕성할 나이인 4,50대의 환자가 전체 환자 중에서 27%를 차지한다. 뇌졸중 환자 중 10명 중 약 3명이 4,50대에 발생하고 있다.

뇌졸중의 원인인 동맥경화에 대한 고전적인 연구 결과로, 1950년 한국전쟁의 당시 군의관들이 전쟁 당시 죽은 군인 300여 명의 심장을 조사한 결과이다. 1953년 미국 의학협회지에 발표된 것으로 사망한 군인의 평균 나이 22세 군인들의 시신을 부검하여 관찰한 결과 그들의 77%가 이미 동맥경화가 진행되었다는 것이 밝혀졌다. 다시 말하면 동맥경화는 더 이상 노인성 질환이 아닌 모든 사람이 걸릴 수 있는 질병임을 말해주는 것이다.

뇌졸중 발생의 원인으로 고혈압을 꼽고 있다. 특히 고혈압 환자가 잘못된 식생활로 인해 신체 전체의 동맥 안에 플래크가 생겨 지방질이 축적되어 혈관이 좁아지면 뇌졸중의 위험은 더욱 커진다. 또한 흡연을 중요한 발병 원인이다. 니코틴이 혈관을 수축시켜 동맥경화를 유발하여 뇌졸중의 위험을 크게 높인다. 이 밖에도 당뇨와 관상동맥 질환, 과음 등도 중요 위험 요인이다.

뇌졸중을 예방할 수 있는 방법으로 지속적인 운동과 건강한 생활습관을 유지하고, 과일과 채소를 꾸준히 섭취할 것을 권하고 있다. 미국 하버드 대학이 미국의학협회지에 발표한 연구 보고서에서 하루에 채소와 과일을 평균 5회 이상 섭취한 사람은 3회 미만으로 섭취한 사람보다 뇌졸중의 위험이 약 30% 낮은 것으로 나타났다. 과일과 채소에는 항산화제인 비타민C와 베타카로틴 등이 풍부하게 함유되어 있기 때문이다.

뇌졸중에 대해 최고의 예방 효과를 나타내는 것으로 녹색 채소와 십자화과 식물인 브로콜리, 양배추로 나타났다. 양배추에는 항산화제인 비타민C와 혈류 장애를 개선하는 엽산과 식이섬유가 풍부하다. 적색 양배추에는 고농도의 안토시아닌을 함유하고 있어 뇌졸중의 위험을 감소시켜 준다.

6. 골다공증

골다공증은 연령이 높아질수록 칼슘 흡수율이 떨어지고, 여성들의 폐경기를 전후해서 골밀도가 떨어지는 것을 말한다. 골밀도를 높이기 위해서는 평상시에 균형 잡힌 식습관과 적당한 운동, 여성 호르몬인 에스트로겐의 분비가 중요한 요소이다.

그러나 더 이상 골다공증이 노인과 폐경기의 여성들만의 질환이 아니다. 2004년도 국내의 한 대학병원에서 국제학술지에 게재한 '성인 남성의 골다공증 유병율 조사'에 따르면 한국 남성의 골감소증 유병율을 약 30~50%로 높게 나타났다. 특히 남성의 골다공증 위험은 고연령, 흡연, 성장 호르몬의 결핍 등과 관련이 높다고 설명했다.

최근의 골다공증은 생활습관의 특히 육류 섭취는 증가하지만 채소의 섭취량은 점점 감소해가는 식습관과 상당한 관계가 있다.

칼슘 섭취를 위해 권장되는 대표적인 식품으로 우유(105mg/100g당)로 손꼽힌다. 하지만 우유는 함유된 양에 비해 의외로 체내에서 칼슘을 섭취할 때 흡수율은 상당히 낮은 편이다.

연령이 많아질수록 칼슘 흡수율은 떨어지고 골밀도는 낮아

지기 때문에 젊었을 때부터 튼튼한 골밀도를 유지하는 것이 골다공증을 예방하는 비결이다. 골밀도를 올리기 위해서는 균형 잡힌 식사와 적당한 운동을 꾸준히 하는 것이 필요하다.

칼슘 섭취를 위해 푸른 채소를 많이 섭취하는 것이 좋다. 십자화과 식물인 양배추와 브로콜리는 칼슘의 훌륭한 공급원이 된다. 양배추에는 칼슘이 29mg(100g당)이 함유되어 있다. 대표적인 칼슘 공급원인 우유보다는 적게 함유되어 있지만, 칼슘의 흡수를 방해하는 옥산살이 함유되어 있지 않아서 체내 흡수율이 높아 훌륭한 칼슘 공급원이다.

대표적인 칼슘 공급원과 흡수율

식 품	섭취량 (g)	칼슘함량 (mg)	흡수율 (%)	흡수된 함량 (mg)
우유	100	105	32.1	33
양배추	100	29	64.9	18

〈1994년 미국 임상영양학회지〉

뿐만 아니라 양배추는 녹황색채소 중에서 비타민K가 78mg(100g당)이나 풍부하게 함유되어 있다. 비타민K는 혈액을 응고시키는 작용 외에도 뼈에 칼슘을 저장시키는 역할을 한다.

양배추를 우유와 함께 갈아서 마시게 되면 우유의 칼슘과 양배추에 함유된 비타민K의 상호작용으로 칼슘의 흡수율을 크게 높일 수 있다.

7. 피부 미용

양배추에는 함유된 비타민C는 콜라겐 생성을 촉진하여 피부를 한층 더 생기 있게 해준다.

콜라겐은 우리의 세포들을 연결해 주는 조직으로 피부, 관절, 연골, 뼈, 내장, 혈관 등에 존재하는 중요한 물질이다. 최근에는 여성들이 사용하는 화장품에 비타민C가 함유되어 있는데 바르는 비타민C 제품들은 실제로 콜라겐 생성을 촉진시키는 효과가 있다. 또한 양배추의 카로티노이드 성분은 피부 노화를 예방하는데 효과가 크다. 또한 상피세포의 재생을 촉진해 피부를 윤택하게 한다. 유황성분은 살균작용뿐 아니라 각질을 제거하고 피지를 조절하여 깨끗하고 맑은 피부를 유지하는데 도움을 준다.

8. 유방울혈(젖몸살)

　출산을 마친 산모들의 40%가 유방울혈을 경험한다는 통계가 있다. 흔히 젖몸살이라 불리는 유방울혈은 모유수유가 제대로 이루어지지 않을 경우 발생하게 되는데, 유방 주위에 혈액이나 림프순환이 증가되어 유방이 단단해지고, 발작이 생기는데 대부분 산고와 버금가는 고통을 호소한다.

　이 때 냉양배추요법을 사용하면 젖몸살에 효과를 볼 수 있다. 양배추 잎을 깨끗이 씻은 다음 냉장고 넣었다고 유방에 찜질을 하는 것으로, 양배추에 함유된 식물 효소인 시니그린이 유방 표피 뿐만 아니라 혈관까지 침투해 부종과 통증을 감소시킨다.

아직도 용 잡는 기술을 찾고 있는가?

"주평만은 지리익에게서 용을 죽이는 기술을 배웠다. 천금의 가산을 탕진해 3년 만에 기술을 터득했으나 그 뛰어난 기술을 쓸 곳이 없었다. (...) 필부의 지식은 선물이나 편지 따위의 하잘것없는 일에서 벗어나지 못한다. 번거롭고 하찮은 일에 정신을 지치게 만드는 주제에 마음을 빼앗긴다." 《장자, 열어구》

자신보다 먼저 세상을 읽어라

세상에서 뒤처지지 않고 앞으로 나가며, 성장하며, 성

공의 삶을 살고 싶다면, 자신의 능력을 가름하기 이전에 내가 살아가고 있는 환경을 파악해야 합니다.

　과거와 전혀 다른 세상으로 급변하는 시대를 표현할 때 '혁명'이란 용어를 사용합니다. 자연상태에서 수렵을 삶을 영위하던 원시인이 한 지역에 농사를 짓고 머물면서 '농업혁명'이 시작되었고, 중세 15, 16세기 유럽을 기점으로 일어났던 르네상스는 고대 그리스 문화의 부활과 함께 과학의 부활을 가져왔는데 이때를 '과학혁명'이라고 부릅니다. 영국의 버터필드는 1952년 《근대과학의 기원》에서 중세 유럽이 근대로 넘어올 수 있었던 사건은 종교개혁이 아니라 바로 과학혁명으로 보았습니다. 과학혁명은 추상적으로만 생각하던 것을 넘어 과학적 지식을 얻는 방법에서 일대 혁신이 일어났습니다. 그리고 근대에 이르러 영국을 시작으로 산업혁명이 발생했는데 산업혁명은 지식혁명과 맞물려 과거에는 상상할 수 없는 초지능과 초연결 시대를 맞이하고 있습니다.

　농업혁명과 과학혁명 그리고 지식혁명처럼 각각의 시대를 살아가는 인간은 시대의 요구를 읽어야 생존이 가능합니다. 지식혁명 시대에서도 여전히 농사짓기 위한 토지와 건강한 신체라고 한다면 그는 이 사회에서 도태당할 수 밖에 없습니다. 그래서 현대인은 '지식'을 갖추기 위해 혈안이 되어 있는 것입니다.

환경은 물과 같다

사는 곳의 처지에 따라 인간은 다르게 처신을 하듯, 시대에 따라 저마다 특별한 능력과 태도와 수단을 요구합니다. 무인도에 고립되어 살지 않는 한, 자신의 능력보다 그가 처해 있는 환경을 이해할 필요가 있는데, 이 환경은 시멘트로 지은 집처럼 고정불변의 건축물이 아닌 유동적이고 시시때때로 변화하고 있습니다. 그럼에도 우리가 범하는 가장 큰 실수는 어제와 같은 오늘이라고 착각하면서 살아간다는 데 있습니다.

베스트셀러 작가인 데이비드 월리스는 '어린 물고기 둘'과 '나이 든 물고기'와의 만남을 통해서 환경의 변화를 알아차리는 게 얼마나 어려운지 설명합니다.

나이 든 물고기는 헤엄을 치며 지나가다 어린 물고기에게 이렇게 묻는다.
"안녕, 얘들아, 물은 좀 어떠니?"
얼마간 시간이 흐른 뒤에, 어린 물고기 하나가 어리둥절한 표정으로 다른 물고기에게 묻는다.
"야, 친구야. 도대체 물이 뭐야?"

한국의 대학진학률은 세계 상위권에 속합니다. 미국은 60%대를 유지하고 있고, 영국과 독일은 40%대를 꾸준히 유지하고 있습니다. 그러나 한국은 이들 여타 나라에 비해 굉장히 높은 80%를 유지한 지 오래되었습니다. 미국과 유럽의 선진국에 비해 높은 대학진학률을 보이는 데에는 여러 이유가 있습니다. 과거 배움이 부족한 부모들이 자식만큼은 공부를 시키려는 학구열에 반영일 수도 있고, 사회 구성원으로 성공하기 위해 사회 시스템의 요구를 따라가기 위함도 일수도 있습니다. 현재의 사회에서는 대학 진학은 취직과 취업을 위해 사회와 기업이 요구로 강제되고 있는 실정입니다. 그러나 정작 문제는 한국 사회에서 대학과 스펙으로 경쟁하는 사회를 넘어섰다는 데 있습니다.

4차 산업혁명시대의 특징 가운데 지식의 증가 속도가 엄청나게 빠른데, 미래학자 버크민스터 풀러는 고대로부터 과거 지식 총량이 2배로 증가하는 데 100년의 시간이 걸리다가, 1990년대에는 25년, 현재는 1년, 2030년이 지나면 3일이 걸린다고 보았습니다.

인문학의 가치는 스펙이 아니라 세상을 읽는 눈을 기르는 데 있다이 통계에 의하면 과거에는 배운 지식을 평생 삶을 살다가 마감했지만, 앞으로는 자신의 얻는 지식은 변화를 따라갈 수 없는 현실에 처해 있습니다. 이제 우리 사회는 지식의 습득이 중요하지도 않으며 성공을 보장하지도 않습니다. 다시 말하면 지식혁명 시대에서 정작 지식의 효용가치는 이미 수명을 다했다는 의미입니다.

지식혁명을 살아가는 현대인에게 '물'은 무엇인지 심각하게 고민해야 합니다. 우리를 물러싼 '물'이 이제는 더 이상 학벌과 스펙을 요구하는 사회가 아닙니다. 지식혁명 시대에서 요구하는 것은 "누가 세상의 변화를 빠르게 읽고, 누가 지식을 활용하느냐?"를 알아차리는 능력입니다.

용 잡는 스펙이 어디에 필요한가?

"주평만은 지리익에서 용을 죽이는 기술을 배웠다. 천금의 가산을 탕진해 3년 만에 기술을 터득했으나 그 뛰어난 기술을 쓸 곳이 없었다. (…) 필부의 지식은 선물이나 편지 따위의 하잘것없는 일에서 벗어나지 못한다. 번거롭고 하찮은 일에 정신을 지치게 만드는 주제에 마음을 빼앗긴다."《장자, 열어구》

본문의 주인공인 주평만(朱泙慢)은 지리익이라는 선생에

게 용을 잡는 기술을 배우기 위해 천금이나 되는 전 재산을 투자하여 3년 만에 용 잡는 기술을 터득할 수 있었습니다. 그러나 용은 전설 속의 동물을 잡는 기술은 현실에는 아무 쓸모 없는 기술이었습니다. 주평만은 배움의 이유와 활용은 고민하지 않고 세상에 전혀 쓸모 없는 기술을 배우는데 시간과 돈을 허비한 것입니다. 장자를 오랜 시간 연구한 아카츠카는 주평만(朱泙慢)의 이름을 설명하기를, "주(朱)는 난장이를, 평(泙)은 천한 위치를, 만(慢)은 산만한 인물을 뜻한다"면서 지식이 비루하고 산만하고 어리석은 자로 설명하고 있습니다. 본문은 주평만의 지식을 "하잘것없는 일에서 벗어나지 못하고, 오히려 자신을 속박하는 쓰레기더미에 가두는 하찮은 것"으로 표현합니다.

> "꿀벌들은 꽃밭에서 이리저리 날아다니다가 결국에는 온전히 자신만의 꿀을 만들어낸다. 이 꿀은 더이상 다른 데서 빌려온 장미꽃의 것도, 아카시아 것의 것도 아니다. (...) 이렇게 학생은 다른 데서 얻은 지식들을 혼합하고 변형시켜 완전한 자신의 작품, 즉 자신의 견해를 만들어내야 한다. 학생이 공부하고 일하고 실습하는 모든 이유는 결국 이 견해를 형성하기 위한 것이다." -몽테뉴《수상록》

강의로 상담으로 사람을 만나는 직업이다보니 그분들과

대화를 하면서 자신을 규정할 때 "지식에 대해 얼마나 많이 알고 있는가?"를 중요하게 생각한다. 고학력자가 흔히 하는 실수 가운데 하나는 '다른 이의 의견과 학식을 무심코' 받아들인다. 끊임없이 공부하고, 글을 쓰고, 자격증과 스펙을 높이지만 결국의 지식의 지휘자로서의 삶이 아닌 지식의 노예 삶을 살 뿐입니다.

인간의 삶과 본질을 탐구하고 기록한 몽테뉴의 《수상록》은 나라는 존재를 제대로 알기 위한 처절한 도전의 기록입니다. 몽테뉴는 이러한 시도를 통해 "다른 사람이나 세상이 아닌 자신의 잘 이해하는 것이 곧 다른 사람을 이해하는 것이요, 세상을 이해하는 길이다"라는 결론은 내렸습니다. 몽테뉴는 매순간 호흡하는 공기처럼 너무 가까이 있기에 인식하지 못하는 주체 그리고 영향에 대한 원초적인 통찰을 제공합니다.

주평만이 가진 문제는 '열심히 기술을 배우기 이전, 왜 배워야 하는지, 이 기술을 어디에 활용해야 하는지'에 대한 고민이 없었다는 데 있습니다. 지식은 활용에 그 가치가 있지, 머리에 쌓고 스펙으로 가질려는 태도는 지식의 노예로 전락하게 만들 뿐입니다.

PURPLE FOOD-아로니아

아로니아의 역사

아로니아가 다시 주목을 받고 있다. 1986년 우크라이나 원자력발전소 폭발사고로 수많은 인명 피해를 냈을 때 방사능에 피폭된 사람들의 치료제로 사용되었던 것이 아로니아였다. 그 후 2011년 3월 일본에서 발생한 후쿠시마 원자력 발전소 사고로 역사상 최대의 방사능 유출 사고가 발생하였다. 현재 밝혀진 것만으로도 체르노빌 원전사고의 열 배에 달한다고 보도되고 있다. 체르노빌 원자력 발전소 폭발 사고 당시 방사능에 피폭되었던 사람들을 치료했던 아로니아가 후쿠시마 원자력 사고를 통해 다시 한 번 주목을 받고 있다.

아로니아의 효능에 대해 수많은 과학자들이 연구하고 있으며, 특히 폴란드의 대학과 기관 등의 연구를 통해 아로니아가 노화방지, 시력보호는 물론 심혈관질환, 위궤양, 당뇨병, 카드늄 중독, 방사선 노출 질환 등에 탁월한 효과가 있음을 밝혀졌다.

아로니아의 학명은 Aronia melanocarpa로 미국과 유럽에서는 블랙초크베리(Blackchokeberry), 초크베리(Chokeberry), 아로니아 베리(Aronia Berry)라고 불리며 킹스베리(King's Berry)라는 별명도 가지고 있으며, 중국에서는 불로매(不老梅)로 부르고 있고 국내에서는 단나무, 단열매로 부르고 있다.

원산지는 북아메리카로 미국 인디언들은 아로니아의 잎과 열매를 전통 약재로 활용하고 있었다. 유럽에 전해진 것은 20세기 초반에 러시아를 비롯한 스칸디나비아 반도에 전래되었다. 아로니아에는 안토시아닌을 비롯한 항산화 물질이 다량 함유되어 있어서 러시아와 북유럽에서는 가공식과 의약품으로 사용되고, 미국에서는 건강식품으로 개발하여 사용하고 있다.

아로니아를 본격적으로 재배하기 시작한 것은 폴란드로 지금은 세계 최대 생산국이 되었다. 폴란드는 1970년대 이후 고지방, 고단백, 고염식으로 인한 폴란드의 국민병으로 불리는 고혈압과 동맥경화를 치료하기 위해서 아로니아를 주목하고 약 15년간의 연구 끝에 아로니아에 함유된 시아니딘이라는 안토시아닌을 발견하게 된다. 폴란드는 아로니아 산업을 적극적으로 육성하고 기계화를 통해 최상의 품종을 개발하고 있다. 현재 전 세계 아로니아 생산량의 90% 이상을 폴란드가 생산하여 보급하고 있다. 아로니아에 대한 연구도 활발하게 진행되고 있는데 특히 안토시아닌은 암, 당뇨 등에도 탁월한 효과가 있음을 증명했다. 여전히 폴란드는 육류와 소금을 유럽에서 제일 많이 섭취하지만, 심장병, 고혈압, 암 등으로 인한 사망률은 가장 낮은 결과를 보여주고 있다. 프랑스인이 육류와 지방 섭취가 많음에도 심장병 사망률이 낮은 이유가 안토시아닌이 풍부한 와인의 영향으로 이를 '프렌치 패러독스'

로 불리는 것처럼 폴란드의 역설을 '폴리시 패러독스'(Polish Paradox)라고 부른다.

아시아 지역에서는 30여 년 전부터 일본과 중국에 보급되어 재배되어 산업화를 이루었고, 일본은 홋카이도 지역에 1976년 보급이 된 이후 섬을 베리랜드(Berry Land)로 선포하여 베리류의 재배는 물론 지역 축제와 연계하여 아로니아 산업화에 성공을 거두고 있다.

국내에서도 최근에 옥천군, 원주시, 고창군 등에서 아로니아 재배가 전국적으로 확산일로에 있으며, 그리고 2013년 9월에 단양에서 제1회 아로니아 축제가 열렸다.

2. 파이토케미컬과 안토시아닌

(1) 파이토케미컬(phytochemical)

파이토케미컬은 과일과 채소의 빛깔과 맛, 향을 내주고 자연적인 질병 저항력을 길러주는 물질이다.

식물이 해충과 질병, 과도한 양의 자외선으로부터 자신을 보호하기 위해 생성된 항산화제를 파이토케미컬이라고 부른다. 식물마다 각각 수천 가지의 파이토케미컬을 함유하고 있으며, 식물들은 이 항산화제로 인해 활성산소(자유라디칼)로부터 자신을 보호한다. 이 천연물질을 사람이 섭취하게 되면 암과 심장질환에 중요한 예방 역할을 한다. 식물학자들은 이 파이토케미컬이 수천 가지가 넘으며 현재까지 알려진 파이토케미컬만 해도 2,000가지가 넘는다.

파이토케미컬을 섭취하면 인류의 가장 큰 질병의 하나인 암을 예방하고 치료할 수 있으며, 심장질환을 예방하고 치매 질환과 노화예방에 큰 효과가 있다. 또한 각종 성인병 예방과 퇴행성 질환을 예방하는 최상의 항산화제이다. 우리의 건강을 지키기 위해서 꼭 필요한 것은 파이토케미컬이 함유되어 있는 과일과 채소를 규칙적으로 섭취해야 한다.

(2) 안토시아닌(Anthocyanin)

활성산소는 신체 내에서 암 발생과 심혈관 질환 등 수많은 질병은 물론 성인병, 노화촉진 등을 일으키는 주범이다. 이 활성산소를 제거하거나 중화시키는 능력을 항산화라고 부른다. 일반적인 항산화 물질로 비타민A, B, C, E 셀레늄, 오메가3 등이 있으며 이 물질은 각각으로도 효능이 있지만, 다양한 항산화제가 균형 잡힌 조합을 이룰 때 그 효과를 더 크다.

식물에 함유된 대표적인 항산화 물질로는 플라보노이드계의 안토시아닌을 손꼽는다.

대표적인 항산화제-안토시아닌

항산화 성분 중 가장 강력한 플라보노이드계는 주로 붉은색이나 자주색 과일과 채소에 함유되어 있으며, 베리류, 포도, 붉은 양배추, 붉은 양파 등의 붉은색과 파란색과 자주색의 주성분이다.

이 붉은 색이나 자주색은 과일이나 채소 스스로를 질병과 해충, 그리고 자외선 등으로부터 자신을 보호할 뿐만 아니라 사람이 먹었을 때 신체 내에서 흡수되어 수많은 질병으로부터 보호하는 역할을 한다.

장수 국가인 핀란드

세계적인 장수국가인 핀란드 국민들은 어려서부터 블루베리를 즐겨 먹는다. 핀란드 남부의 직장암 발병률은 북부에 비해 2배나 높다. 헬싱키 대학의 연구 결과 이 차이는 야생 블루베리의 섭취량의 차이이다. 암 발병률이 낮은 북부에 야생 블루베리의 산지가 몰려 있다. 북부 사람들은 자연히 블루베리를 많이 먹을 수밖에 없는데, 이들이 북부와 남부 사람에 비해 암에 걸리는 비율이 훨씬 적었다. 이런 블루베리의 영향에 대해 학자들은 보라색 색소인 안토시아닌을 주목한다. 안토시아닌은 인간의 젊음을 지켜주는 놀라운 효능이 들어 있다.

최고의 항암효과

미국 오하이오 주립대학에서는 블랙라즈베리의 항암효과에 주목하고 있다. 이미 쥐 실험을 통해 구강암, 식도암, 대장암, 피부암에 있어 블랙라즈베리의 항암 효과를 확인하고, 최근에는 암환자들을 대상으로 임상실험을 진행 중이다.

특히 FAP(가족성용종증: 유전성 대장암) 환자를 대상으로, 매일 20g의 블랙라즈베리 가루를 하루 세 번 물과 함께 떠 마시게 했다. 전체 대장암의 1%를 차지하는 FAP는 대장 점막에 자라난 용종이 대장암으로 발전하는 질환이다. 블렉라즈베리를 섭취한 9개월 뒤 검사한 결과 FAP 환자 12명은 대장의 용종 수가 절반으로 감소했다.

미국 오하이오 주립대 의대 게리 스토너 교수는 인터뷰에서, "보통 FAP 환자의 경우 9개월 동안 25% 정도의 용종 수가 증가하지만, 이번 실험에서는 오히려 평균 50% 줄어드는 효과를 보았습니다. 미국 식약청이 FAP 환자들에게 승인한 약의 경우 용종 수를 28%로 감소시키지만, 저희 연구는 그보다 높은 감소율을 보이고 있습니다."

미국 오하이오 주립대 종합 암센터에서는 블랙라즈베리를 이용하여 구강암 환자들에게도 대규모의 임상실험을 진행 중이다.

특히 아로니아, 블루베리 등과 같은 베리류에 함유된

안토시아닌은 암 발생을 줄이고 면역체계를 강화하는 효과가 있다. 그리고 동맥을 비롯한 혈관에 침전물이 생기는 것을 막아 심혈관 질환과 뇌졸중 예방에 효과가 탁월하며 위험을 감소시킨다. 또한 강력한 항산화 작용과 노화방지 기능을 가진 안토시아닌은 신체의 노화를 막아주고 시력개선과 백내장의 예방과 치료에 효과적이다. 그 외에 강력한 소염작용과 노화방지 효능이 밝혀지면서 최강의 항산화제로 각광받고 있다.

안토시아닌의 보물창고-아로니아

베리류의 왕으로 불려서 '킹스베리'(King's Berry)라는 별칭을 가지고 있는 아로니아는 이제까지 밝혀진 블랙푸드인 베리류, 즉 복분자, 오디, 블루베리, 아사이베리 등 모든 베리류 가운데 월등하게 많은 안토시아닌을 함유되어 있는 슈퍼푸드다.

아로니아에 함유된 안토시아닌은 각 연구자와 기관에 따라 다르게 나타나는데 생산된 지역, 숙성 정도 등 여러 조건의 차이는 있지만 아로니아에 함유된 안토시아닌은 포도는 물론이며 블루베리, 복분자 그리고 아마존의 비아그라라고 불리는 아사이베리보다도 몇 배 혹은 수십 배의 차이를 보이고 있다.

아로니아에 함유된 안토시아닌의 일종인 C3G(Cyan

idin-3-coside)는 시아니딘이라고도 불리는데 자연 식물 가운데 특히 아로니아에 다량 함유되어 있다.

아로니아의 시아니딘은 무엇보다도 뛰어난 항산화 작용에 있다. 이 시아니딘은 천연 항암물질로 면역세포를 활성화하여 암세포를 제거하며, 동맥경화나 고혈압, 당뇨병, 관절염 등 만성퇴행성 질환에 탁월한 효과를 나타낸다.

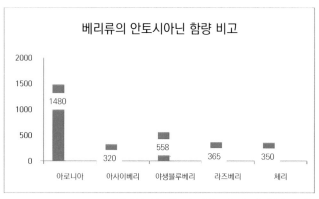

출처: Wu X., Gu. L, Prior R. L, & Mckay, S.

아로니아에는 페놀성 화합물의 하나인 폴리페놀이 많이 들어 있다. 폴리페놀은 인체 내의 활성산소를 없애 세포의 노화를 막아주는 항산화 효과가 탁월한 생리 활성 물질로, 아로니아에 함유된 폴리페놀은 혈관을 구성하고 있는 평활근과 심장 근육의 과도한 수축을 억제해 혈압을 낮추는 효과도 있다.

조선대 의대 임동윤 교수는 "폴리페놀은 인체의 유해산소를 없애 세포의 노화를 막아주는 항산화 효과가 탁월한 생리 활성 물질로, 폴리페놀은 혈관을 구성하고 있는 평활근과 심장 근육의 과도한 수축을 억제해 혈압을 낮추는 효과도 있다."라고 밝혔다.

지방질 음식을 많이 섭취할수록 심장마비의 가능성이 높아지는데, 프랑스인은 미국과 영국인과 비슷한 지방질을 섭취하고도 심혈관 질환으로 사망하는 비율이 현격하게 낮았다. 이런 프랑스인의 차이는 그들이 식사할 때 함께 마시는 적포도주에 함유된 폴리페놀에서 찾고 있다. 실제 프랑스 와인에는 리터당 2.1g로 많은 양의 폴리페놀이 함유되어 있는데 A. W. String의 연구에 의하면 아로니아에 함유된 폴리페놀은 두 배 가량 많다고 발표했다.

최근 연구에 의하면 폴리페놀이 콜레스테롤의 저하, 고혈압이나 동맥경화를 억제하

며, 과산화지질의 생성을 막아 노화의 예방, 혈중 지질농도의 저하, 중성지질의 생성 억제에 의한 비만의 방지와 모세 혈관의 저항력 증진 등의 탁월한 효과 있는 것으로 보고되고 있다.

C3G(Cyanidin-3-coside)

아로니아에 함유된 안토시아닌의 일종인 C3G(Cyanidin-3-coside)는 시아니딘이라고도 불리는데 자연 식물 가운데 특히 아로니아에 다량 함유되어 있다.

아로니아의 시아니딘은 무잇보다도 뛰어난 항산화 작용에 있다. 이 시아니딘은 천연 항암물질로 면역세포를 활성화하여 암세포를 제거하며, 동맥경화나 고혈압, 당뇨병, 관절염 등 만성퇴행성질환에 탁월한 효과를 나타낸다.

프로안토시아니딘

소나무 껍질, 포도의 껍질과 씨, 크랜베리, 그리고 아로니아 등에 발견되는 또 하나의 플라보노이드계인 프로안토시아니딘이 함유되어 있는데 특히 아노리아에는 포도의 80배에 달하는 프로안토시아니딘이 함유되어 있다.

프로안토시아니딘을 주목하는 이유는 자체로도 뛰어난 항산화제이면서 안토시아닌과 결합하여 더욱 강력한 효능을 나타낸다는 점이다.

플라보노이드의 일종인 프로안토시아니딘은 강력한 항산화 작용과 항균, 항알레르기 직용 그리고 방광염 등에 탁월한 효과를 나타낸다. 프로안토시아니딘은 신체 내에 결합조직을 강화하고 콜라겐 합성을 촉진하며, 모세혈관을 강화하여 피부의 노화방지는 물론 탄력을 유지하고 주름, 하지 정맥류 등을 예방하는 효과도 있다.

아로니아의 효능

1. 시력보호, 백내장

문명이 발달하면서 더 피곤해진 인체의 기관은 바로 눈이다. 학생은 물론 직장인을 비롯한 모든 세대에서 스마트폰과 컴퓨터 사용의 증가, 텔레비전 시청 등으로 눈으 혹사당하고 있으며 성인이 되면서 발생하는 노안이 청소년들에게도 나타나고 발생하고 있다.

책을 오래 봐야 하는 학생들, 업무상 컴퓨터 사용해야 하는 직장인, 그리고 하루 종일 스마트폰에서 눈을 떼지 못하는 현대인에게는 눈의 건강에 더욱 신경을 써야 한다.

눈 건강-안토시아닌

사람의 안구 망막에는 시각에 관여하는 단백질 로돕신이라는 색소체가 있다. 이 로돕신은 빛을 순간적으로 분해, 재합성하는 것을 반복하여 뇌에 전달하여 사물을 볼 수 있게 하는데 이 로돕신이 부족하게 되면 시력 저하와 각종 안질환이 유발한다. 이런 로돕신의 재합성을 촉진하여 활성화하는 성분이 안토시아닌이다. 안토시아닌 성분의 도움으로 눈의 피로로 인한 육체적, 정신적 피로 야간 시력 장해, 시력 저하, 백내장 예방 등에 효과적이다.

안토시아닌 성분의 도움으로 눈의 피로로 인한 육체적, 정신적 피로, 야간 시력 장해, 시력 저하 등에 효과적이다. 2차 세계대전 당시 영국 조종사들은 베리류를 항상 소지하여 섭취하도록 권고했다. 베리류에 함유되어 있는 안토시아닌과 폴리페놀이 야간에도 물체를 잘 구별할 수 있도록 시력을 향상시켜주기 때문이었다. 아로니아에는 눈에 좋다고 알려진 블루베리의 안토시아닌 함유량이 적게는 5배, 많게는 20배까지 높게 들어 있다.

눈 건강-루테인, 제아잔틴

우리 눈의 황반부에는 자외선이나 모니터와 스마트폰으로 나오는 청색광으로부터 눈을 보호하는 항산화 물질이 있는데 바로 루테인(Lutein)과 제아잔틴(Zeaxanthin)이라는 항산화 물질이다. 이 항산화 물질은 산화적 스트레스로부터 눈을 보호하고 노화에 따른 시력 감퇴를 어느 정도 늦추기도 한다. 뿐만 아니라 눈을 많이 사용할 수밖에 없는 학생들이나 직장인들은 안구에서 발생하는 지방

산 과산화를 방지하여 건강한 시력을 유지해 준다.

눈 건강의 필수 항산화 물질인 루테인과 제아잔틴은 인체 내에서 스스로 생성할 수 없기 때문에 반드시 음식물 등을 통해 외부로부터 흡수해야만 한다.

아로니아에는 루테인과 제아잔틴이 풍부하게 함유되어 있어서 눈을 많이 사용하는 학생들과 직장인들의 눈을 보호해 준다.

백내장

백내장의 발병원인은 분명하게 밝혀지지 않았지만, 백내장 형성이 활성산소에 의한 자유 과산화지질의 생성과 관련이 있다는 연구발표가 계속 이어지고 있다. 수정체 내에 과산화지질이 생성되면 수정체가 혼탁해지고 이로 인해 빛이 망막에 이르는 것을 차단되어 시각장애가 일어난다. 사람의 수정체는 물 이외에 대부분 단백질로 이뤄져 있는데 다른 인체의 기관보다 대사율이 느려서 한 번 변형된 단백질의 회복이 느리다는 특징이 있다. 당뇨의 경우 20~30대에서도 백내장이 나타나며 정상인에 비해 당뇨환자의 경우 실명에 이르는 위험이 약 25배에 이르는 것으로 알려져 있다. 백내장이 한 번 발생되면 치료가 불가능하기 때문에 수술에 의존하고 있다.

최근에는 당뇨합병증 치료제에 대한 연구 가운데 ARI

효과를 보이고 있는 약용 식물의 약리 효과를 주목하고 있다. 그 가운데 세계적으로 약 40여 종의 전통식물이 당뇨치료에 효과를 나타내는 것으로 보고하고 있다 (Bailey. 1989).

백내장은 당뇨대조군의 수정체 내 과산화물(MDA) 함량이 정상군의 많게는 70% 정도 증가한다. 아로니아 같은 베리류는 과산화물 함량이 정상군 수준으로 같아진다. 수정체의 과산화물은 수정체뿐만 아니라, 망막의 산화적 스트레스를 포함하고 있기 때문에 베리류의 항산화효과는 수정체뿐만 아니라 눈의 산화적 스트레스에 대한 보호 효과를 나타냈다.

2. 고혈압, 심혈관 질환

폴란드는 1970년대 이후 고지방, 고단백, 고염식으로 인한 폴란드의 국민병으로 불리는 고혈압과 동맥경화를 치료하기 위해서 아로니아를 주목하고 약 15년간의 연구 끝에 아로니아에 함유된 시아니딘이라는 안토시아닌을 발견하게 된다. 계속된 연구로 안토시아닌은 암, 당뇨 등에도 탁월한 효과가 있음을 증명했다.

그 이후 폴란드는 아로니아 산업을 육성하고 품종을 개량하는 등 다각적인 노력을 기울여 현재는 아로니아 최

대 생산국이 되었다. 여전히 육류와 소금을 제일 많이 섭취하는 나라 가운데 하나이지만 심장병, 고혈압, 암 등으로 인한 사망률은 가장 낮은 것으로 보고되고 있다.

프랑스인이 육류와 지방섭취가 많음에도 심장병 사망률이 낮은 이유가 안토시아닌이 풍부한 와인의 영향으로 이를 '프렌치 패러독스'(French Paradox)로 불리는 것처럼 폴란드의 역설을 '폴리시 패러독스'(Polish Paradox)라고 부른다.

아로니아에는 시아니딘과 폴리페놀이 풍부한데 이 항산화 물질은 혈전과 세포벽을 손상시키는 활성산소를 제거하는데 탁월한 효과가 있다. 뿐만 아니라 폴리페놀은 손상된 혈관의 세포벽을 복구하여 동맥경화를 예방하고 개선하는 데 효과가 있다.

미국 임상 영양학저널 2008년 호에 베리류에 함유된 폴리페놀의 효과에 대해서 "약물치료를 받고 있으며 당뇨, 고혈압, 고지혈증 등 심혈관 질환 위험군인 중년 남녀 72명을 대상으로 8주 동안 적당량의 베리류를 섭취하게 하였다. 적당량의 베리류 섭취는 혈소판 기능과 혈압, HDL 콜레스테롤에 긍정적인 효과를 가져왔다."라고 밝히고 있다.

최근 아로니아의 인체 임상 연구 중 동맥경화와 혈압에 대한 두드러진 결과물이 발표되고 있다. 2006년 7월 이탈리아 로마에서 개최된 국제동맥경화학회[42]에서 폴란드의 마렉 교수 등은 "아로니아의 안토시아닌은 혈압을 감소시키는 효과와 함께 염증 발현을 억제하는 효능을 갖고 있는 사실을 확인할 수 있었다."라고 발표했다.

42) 14th International Symposium on Artheroslclerosis ROMA, ITALY. June 18~22, 2006.

혈소판 응집을 억제한다.

혈관 벽에 동맥경화가 진행되면 혈소판이 활성산소에 의해서 혈소판 응집이 증가하여 혈소판이 달라붙기 시작한다. 그곳에 적혈구가 쌓이면 혈전을 형성한다. 이 혈전이 떨어져 나갈 경우 혈액을 타고 다니다 좁은 혈관을 막을 수 있다. 이때 장기의 손상은 물론 생명까지 위험할 수 있다. 베리류에 들어 있는 폴리페놀 성분이 활성산소의 응집을 억제함으로써 혈액순환 개선효과를 줄 수 있다.

콜레스테롤을 낮춘다

아로니아에 들어 있는 수용성 식이섬유는 콜레스테롤을 낮춰주는 효과가 있으며, 심혈관질환을 예방하는 효과가 있다. 베리류에는 식이섬유, 특히 수용성 식이섬유가 많이 함유되어 있다. 미국 FDA 건강강조 표시규정에 의하면, 수용성 식이섬유를 많이 포함하고 있는 과일이나 채소가 풍부한 식단은 심혈관질환의 위험을 낮출 가능성이 있다고 규정하고 있다.

3. 피부보호

아로니아에는 혈액을 정화하는 안토시아닌 성분이 포도

의 80배, 복분자의 20배, 블루베리의 5배 이상에 달하는 고함량의 성분이 들어 있다. 인체 세포들의 대사 과정에서 생긴 활성산소는 몸의 신진대사를 방해하는 유해물질로 노화의 원인이 된다. 피부의 노화 또한 활성산소 때문에 세포가 산화되면서 나타나는 것이다. 아로니아에는 활성산소의 발생을 억제하는 성분이 있어, 피부 노화를 막고 잔주름을 예방하는 효과를 나타낸다.

미 항공우주국 나사(NASA)는 우주인을 위한 음료를 개발했다. 이 음료는 "우주인을 방사선에서 보호하고 비타민을 공급하기 위해 만든 우주 음료로 주름살 개선과 기미를 없애는 데 탁월한 효과가 있다."고 밝혔다.

이 연구팀은 180명을 대상으로 한 임상실험을 통해 나타났다. 연구팀은 임상 실험자들을 대상으로 하루에 2잔씩 4개월간 이 음료를 마시게 한 결과, 기미는 30%, 주름은 17%가 각각 줄어들었다.[43)]

4. 뇌질환(뇌졸중, 중풍, 치매)

노령인구가 증가하면서 만성퇴행성 질병 중에서 뇌혈관

---

43) "주름이 사라지네?" 나사 '우주 음료' 미용에 탁월. 인터넷 서울신문. 2012.5.30.
http://nownews.seoul.co.kr/news/newsView.php?id=20120530601
011.

질환이 크게 증가하고 있다. 대뇌 뇌혈관이 폐쇄되어 나타나는 질환으로 허혈성 뇌질환으로 부른다. 가장 흔한 원인은 고혈압, 당뇨, 고지혈증 등으로 인해 뇌에 혈액을 공급하는 혈관에 동맥경화증이 발생하고 이로 인해 뇌혈류가 차단될 때 발생한다. 그 외에 심장부정맥, 심부전 및 심근경색의 후유증 등으로 인하여 심장에서 혈전이 생성되고, 이 혈전이 혈류를 따라 이동하다가 뇌혈관을 막아 뇌졸중이 발생하는 경우도 있다. 아로니아에는 안토시아닌, C3G, 카테킨 등의 성분이 들어 있어 뇌 질환의 예방과 치료에 효과를 나타낸다.

미국 농무부(USDA) 산하 인간영양연구센터 (HNRCA) 실험실에 소속된 신경 과학자들은 베리류의 안토시아닌을 실험용 쥐에게 먹인 결과 노화에 따른 기억손실을 늦추는 효과가 있다는 점을 밝혔다.

5. 비만, 다이어트

비만증에서 볼 수 있는 변화는 지방 세포의 수와 크기의 증가이다. 어릴 때는 지방세포의 수와 크기 모두 증가하지만, 성인이 되면 지방 세포의 수에는 변화가 없고 지방 세포의 크기가 증가한다. 비만이나 체중을 줄이기 위해서는 섭취 에너지를 줄이고 적당한 운동을 통해서 체

내에 피하지방이 쌓이지 않도록 해야 한다.

아로니아에 함유된 성분 가운데 클로로겐산은 일본의 다이어트 회사에서 주목하는 항산화 물질로 다이어트부터 항염, 항산화 효과가 있다. 클로로겐산은 지방흡수를 차단하여 다이어트 비만 해소에 도움이 되고 콜레스테롤 분해를 도와 비만과 동시에 진행하는 고지혈증, 고혈압, 동맥경화, 당뇨병을 치료하는데 도움을 주는 중요한 역할을 한다. 클로겐산은 탄수화물과 지방의 장관 내 흡수를 막아 섭취하는 음식에 비해 흡수되는 칼로리를 적게 해주며, 인체 내 지방의 흡수억제를 물론 저장되어 있는 지방을 태워주어 이중으로 체중감량의 효과를 나타낸다.

6. 항암

지난 10년간 암 예방식품에 관한 관심이 급속히 고조되어 신문, 잡지, TV 등 언론매체에서도 거의 매일 다루다시피 하고 있다. 암으로 인한 사망원인으로 흡연 등 여러 가지 인자의 추정치가 제시되어 있지만, 사람에게 걸리는 각종 암의 90% 이상이 매일 먹는 음식물 등 환경에 기인한다고 추정되고 있다. 남성 암의 30~40%와 여성 암의 60%가 음식물과 관련이 있다고 지적되고 있다. 과거에는 음식물 중에서 잔류 농약, 화학 첨가물같이 암을 유발할 수 있는 발암물질에 관한 보고가 많았지만, 현재는 암 예방 성분에 관한 보고가 많아지고 있다. 미생물 또는 실험동물 수준에서 실험한 결과를 보면 향신료 식물체 중 항종양성, 항암성 물질이 함유되어 있다는 문헌이 종종 보고되고 있다.

위암 – 헬리코박터 파일로리균 억제활성

1982년 베리 마샬 박사가 헬리코박터 파일로리균은 발견한 이후 이 균이 위궤양과 위암의 원인을 규명한 이후 이에 내한 연구가 활발히 진행되고 있다.

위암의 발생 원인인 헬리코박터 파일로리균은 전 세계 인구의 50%가 감염되어 있고, 한국인은 75%가 감염되어 있다.(2002년 기준) 이 세균은 위궤양과 십이지장궤양에 관련 있어서 현존하는 가장 강력한 위암 발병 요인 중의 하나로서 1994년에는 WHO에서 발암물질 제1군로 지정했다. 우리나라는 세계 어느 곳보다 위암 발생이 높은데(사망원인 2위) 75%에 달하는 헬리코박터 감염률과 관련이 있다. 헬리코박터가 없는 사람에게는 위암이 거의 생기지 않는다.

서울대 안용준 교수팀은, 블랙라즈베리(복분자) 추출물과 이로부터 유래한 화합물이 헬리코박터 항균 활성이 있음을 밝혀냈다. 블랙라즈베리(복분자) 투여 시 유해세균이 거의 사멸되었고, 활성량을 측정한 결과 그 활성 정도가 농도에 크게 관계하지 않고 높은 효과를 나타내었다. 복분자 추출물은 인체에 무해하며 뛰어난 항-헬리코박터 활성을 가짐으로 헬리코박터 파일로리에 의하여 유발되는 질환, 즉 위염, 위궤양, 십이지장궤양 등의 예방 및 치료제로 사용할 수 있다고 보고했다.[44]

아로니아에 함유된 식물성 폴리페놀과 안토시아닌은 위궤양으로 손상된 세포를 복구한다. 위궤양에 걸린 쥐에게 아로니아 추출물을 먹이면 에탄올로 손상된 위점막이 불과 3시간 만에 90% 정도 회복되었고, 위점막의 헬리코박터균을 사멸하는 효과까지도 얻을 수 있는 것으로 나타났다.[45]

대장암

식생활이 서구화되면서 점점 늘어나는 암 가운데 하나인 대장암은 의료기술과 치료기술의 발전에도 여전히 사망률이 매우 높은 것으로 알려져 있다.

한서대학(Department of Food and Biotechnology,

---

44) 안용준 외. 『복분자 나무 추출물 또는 이로부터 유래한 화합물을 포함하는 항-헬리코박터 조성물』 2004.
45) Antiulcer activity of anthocyanin from balckchokeberry-Herba polonica. 1997.

Hanseo University)의 "프로안토시아니딘의 대장암 억제 효과 대한 연구"에 의하면 아로니아가 대장암 세포주에 효과가 있는 것으로 밝혀졌다.[46]

아로니아의 프로안토시아니딘이 종양촉진인자의 발현을 억제하고, 동시에 종양억제인자인 카스파제-3을 활성화함으로 암세포가 죽게 만든다. 뿐만 아니라 아로니아의 프로안토시아니딘은 유방암 세포주 NCF-7, 위암 세포주 CRL-1739, 폐암 세포주 A-427을 억제하는데도 효과가 있는 것으로 밝혀졌다.

아로니아의 프로안토시아닌은 암세포와 발암 단백질과의 결합을 차단하여 암세포의 성장과 전이를 일으키는 것을 억제하는 원리이다.

췌장암

아로니아에 함유된 폴리페놀 성분의 하나인 엘라직산(ellagic acid)은 항암작용이 있는데, 피부암, 식도암, 대장암을 포함한 일부 암에 효과를 나타내었다.

2008년 9월 West Los Angeles VA 헬스케어센터 연구팀이 『국제위장관학저널』에 밝힌 바에 의하면 엘라직산

---

46) Anticancer effects of oligomeric proanthocyanidins on human colorectal cancer cell line, SNU-C4. 『프로안토시아니딘의 대장암 억제효과』 Youn-Jung Kim 외. 2005.

이 췌장암세포의 증식을 막고 프로그램화된 세포괴사를 증진시키는 것으로 나타났다. 특히 엘라직산은 암을 예방할 뿐 아니라 이미 생성된 암세포를 공격해, 세포가 스스로 죽도록 유도하고 더 이상 번지지 않도록 막아주는 역할까지 한다.

7. 당뇨병

활성산소로 인한 생체 내 산소 라디칼 반응은 생체 조직의 노화나 악성 종양을 비롯한 성인병 발병의 원인으로 꼽고 있다. 당뇨병에서는 활성산소에 의한 세포막 지질화가 더욱 가속화되어 조직은 이로 인한 손상을 입게된다. 특히 활성산소에 의한 세포 손상은 당뇨병의 발생과 당뇨 합병증 발생의 밀접한 연관이 있다고 알려져 있다. 항산화 능력이 뛰어난 아로니아의 안토시아닌 성분은 당뇨병은 물론 합병증 개선 효과를 나타내고 있다.

당뇨병 환자의 90% 이상이 인슐린 저항성을 나타내고 있는데, 이런 환자의 치료법에서 혈당치 조절이 가장 중요하며, 특히 식후 혈당의 조절의 중요성이 더욱 부각되고 있다. 그동안 치료제로 사용되어 온 경구혈당강하제는 부작용과 함께 장기간 복용 시 약물의 효능이 감소되는 것으로 보고되고 있다. 따라서 당뇨병 치료에는 부작용이 없는 천연물 유래 혈당강하제가 절실한 상태이다.

음식에서 탄수화물은 대부분 전분 형태로 섭취하게 되는데, 전분은 알파아밀라제와 알파글루코시다제에 의해 소화가 된다.

미국 농무부의 리처드 앤더슨 박사의 연구결과에서도 아로니아가 혈당을 억제하고 인슐린의 기능을 향상시키는 효과가 있다는 사실을 쥐 실험을 통해 밝혀냈다. 아로니아 추출물이 섞인 물을 먹은 쥐들은 모두 순수한 물만 먹은 쥐들에 비해 체중과 체지방(특히 복부지방)이 줄고 혈당과 중성지방의 혈중수치가 낮게 나타났다.[47]

8. 간질환, 숙취해소

간은 인체의 화학 공장으로 불릴 만큼 지혈에 필요한 응고 인자 생성과 혈액 단백, 담즙을 생산한다. 고혈압과 고지혈증에 문제를 일으키는 콜레스테롤 처리는 물론 에너지 저장, 정상 혈당 유지, 천 여 가지가 넘는 효소를 생산하고, 각종 호르몬의 조절과 약이나 술에 포함한 독소의 제거 등 간의 역할은 정말 중요하다.

현대인은 이런 간을 혹사시키고 있다. 고지방식과 고단

---

47) 〈나무딸기 일종 초크베리, 당뇨병 예방에 특효〉 해럴드 경제. 2010년 07월 26일 기사.

백식은 물론 잦은 음주 습관, 흡연, 스트레스로 인해 더 이상 간이 제 기능을 할 수 없을 지경에 이르고 있다. 이렇듯 간을 혹사한 결과는 당연하다. 최근 통계청 발표에 따르면 만성 간질환과 간암에 의한 사망률은 전체 질병으로 인한 사망원인 중 10%를 차지할 정도로 국민 건강에 심각한 지경에 이르렀다.

간은 신체 내의 대부분의 화학반응에 관여하는데 그중에 알코올 대사 비중이 크다. 인체 내 흡수된 알코올은 주로 위장관 내에서 흡수되어 체내 알코올의 80~90%는 간에서 분해된다. 알코올 분해력이 저조한 상태에 지속적으로 알코올을 섭취하게 되면 간질환에 걸리게 되고 더 발전하면 간경변과 간암으로도 진행할 수 있다. 실제로 우리나라에 알코올성 지방간의 유병률이 2007년 조사에

의하면 1990년에 비해 3배나 빠르게 증가하고 있다.

천연물질 중 아로니아에 들어 있는 플라보노이드인 안토시아닌은 알코올 분해력이 가장 뛰어나다. 한림대학교 한상진 교수는 쥐를 통한 실험에서 대조군보다 혈중 아세탈레이드 농도가 아로니아 실험군에서 48.9% 낮게 나타났고, 알코올 투여 전 아로니아를 복용한 실험군에서는 30분 빠르게 약 54.9% 감소한 수치를 보였다. 다른 여러 검사결과를 통해서 아로니아는 간 보호 작용과 아로니아의 숙취 효과가 있음을 증명했는데 음주 후보다는 음주 진에 아로니아 복용 시 더 높은 효과를 보였다.[48]

9. 요로 건강

현대인의 말 못한 질환 가운데 하나인 요로감염증. 요로계는 요(소변)를 생성하고(신장), 저장하고(방광), 운반하고(요관), 그리고 체외로 배출시키는 요도로 구성되는데 요로계의 이상은 신체 내에 유해물질의 축적과 전해질의 불균형 등을 초래할 수 있다. 전 세계적으로 수백만 명이 이 질환으로 고통받고 있으며, 국내에서도 이 질환으로 고통받는 숫자가 계속 증가하고 있다. 여성이 남성보다

---

48) 〈쥐의 알코올성 간세포 손상에 대한 Aronia melanocarpa의 보호효과〉 한림대학교 자연과학대학 생명과학과. 한상진. 2013.

25~30배나 감염률이 높은 것으로 알려졌으며, 일생동안 여성의 50%가 적어도 1번 이상은 걸리는 것으로 보고되고 있다. 그 주요 증상으로는 빈뇨, 배뇨 시 통증, 혼탁뇨 등으로 나타난다. 요로감염을 방치하면 신장의 손상이 발생하여 만성 신우신염으로 이행될 수 있으며, 만성신부전과 고혈압의 원인이 될 수 있다.

이전까지는 크랜베리(Cranberry)가 요로감염증에 좋다고 알려져 있었지만 최근 연구결과에 따르면 아로니아가 크랜베리의 5~10배 정도를 효과를 나타낸다고 보고하고 있다.

요로감염증에 예방과 치료 효과를 보이는 항산화 물질인 퀸산(quinic acid)이 크랜베리보다 아로니아에 훨씬 많은 양이 함유되어 있기 때문이다. 퀸산(quinic acid)은 요로감염을 예방하고 치료할 뿐만 아니라 요로 건강을 유지해주며, 감염균인 대장균 등 세균 성장을 억제하는 데 효과적이다.

10. 위장 보호

아로니아의 원산지인 북아메리카에서 그곳 인디언들은 아로니아 열매를 생과로 먹거나 말린 과일로 먹거나, 고기와 같은 음식에 혼합하여 먹었다. 무엇보다도 북아메리카 인디언들은 아로니아 열매, 특히 생과가 위장병에 효과가 있어서 위장병 치료약으로 사용하기도 했다. 그리고 아로니아 잎으로 만든 차는 상처를 치료하는 데 사용하였다.

2004년 일본 후지 여자대학 마쓰모토 교수팀이 쥐를 통한 동물실험에서 아로니아에 있는 항산화 물질이 심한 위장 출혈성 장애 치료에 효과적이라고 발표했다. 이 연구에서 아로니아의 시아니딘과 안토시아닌이 위점막을 보호하여 출혈을 막는 것으로 확인되었다.

아로니아의 폴리페놀 성분이 위점막을 보호하고, 위궤양을 예방한다. 아로니아에는 폴리페놀 이외에 안토시아닌을 다량 함유하고 있어 위궤양을 예방하는 효과가 큰 것으로 임상실험에서 밝혀지기도 했다.

11. 항소염, 바이러스 억제

아로니아를 꾸준히 섭취하면 감기와 독감을 예방할 수 있다. 불가리아 바르나 의과대학 V. Russev 교수팀의 바이러스 억제에 관한 연구를 통해, 아로니아가 인체 내 침투한 인플루엔자 A형 바이러스 활동을 억제할 뿐만 아니라 살균 효과가 있으며, 히스타민과 세로토닌에 의해 감염되어 발생한 염증 감소에 효과를 나타낸다고 발표했다.

이는 아로니아의 플라보노이드와 탄닌이 바이러스를 퇴치할 뿐만 아니라 면역 체계를 강화시키기 때문이다.

12. 관절염, 통풍, 통증

산화질소(NO)는 인체의 여러 세포에서 발생하며 면역계에서는 항암 및 항미생물 작용을 나타내는 방어물질로, 신경계에서는 신경전달물질로, 순환기계에서는 혈관확장물질로 알려져 있다. 그러나 외부의 여러 환경적인 자극에 의해 필요 이상의 과다 생성된 산화질소는 관절염, 패혈증 등의 염증질환을 일으킨다.

단백질의 일종인 퓨린체의 대사이상으로 퓨린체가 분해하여 요산이 대량 만들어지고 신장에서 배설되지 않게 되어 체내에 축적되어 요산나트륨의 결정이 조직에 침착함으로 염증을 일으키는 질환이 통풍이다.

베리류에 함유되어 있는 안토시아닌은 산화질소의 생성억제 효과가 뛰어나다. 뿐만 아니라 체내의 요산을 염증제거함으로써 통풍과 관절염에 탁월한 치료와 예방 효과를 보인다.

13. 독감, 감기

아로니아의 떫은맛을 내는 항산화 성분인 프로안토시아니딘(OPC)은 염증으로 유발하는 질환을 예방하고 독감과 감기 후 2차 감염을 예방하는 다양한 효과가 있다.

《Super Immunity Foods》의 저자인 Joel Fuhrman은 자신의 책에서 "슈퍼 자생력 식품의 섭취야말로 건강, 회복능력을 향상하고 몸이 강한 유지하는 완벽한 프로그램"이라고 말하면서 베리류를 섭취할 것을 권고하고 있다.[49]

독감 바이러스는 폐에서 세포를 대상으로 공격한다. 특히 인플루엔자와 M2 단백질은 활성산소를 증가시켜 폐 세포를 공격하여 폐렴이나 기관지염을 유발한다. 아로니아의 항산화 물질은 활성산소를 제거하고 인플루엔자를 약화시키고 폐 세포 손상을 막아준다.

14. 탈모 예방과 발모

탈모의 원인으로는 병원균에 의한 감염과 영양결핍, 그리고 유전학적인 요인 등 다양하며 최근에는 합성세제의

---

49) http://www.allthingsaronia.com

남용과 식생활의 변화, 스트레스의 증가 등으로 탈모가 크게 늘어나고 있다.

아로니아에는 두피 영양 불균형과 합성세제로 인한 피부 스트레스, 그로 인해 발생하는 활성산소 제거 능력이 뛰어난 플라보노이드와 카테킨, 프로안토시아니딘과 같은 페놀성 화합물이 다량 함유되어 있으며, 퀘르세틴의 강한 항산화 활성으로 탈모 예방과 발모에 효과를 나타낸다.

15. 이코노미 클래스 증후군

제한된 공간인 비행기 안에서 오랫동안 움직이지 않으면 다리와 혈액 순환에 문제가 발생한다.

피가 순환하지 않아 혈관 내 산소가 부족하여 발생하는 정맥 혈전증 (DVT)은 이른바 "이코노미 클래스 증후군"이 발생한다. 특히 좌석이 비좁은 이코노믹-클래스의 승객에게 두드러지게 나타나므로 "이코노믹클래스 증후군"이라는 이름으로 알려졌다. 이 상황이 지속하면 혈전이 다리와 몸 전체 혈관에 쌓이게 되는데, 혈전으로 인해 피의 흐름이 완전히 정지하면 폐 조직이 괴사하는 폐 경색을 일으켜 목숨이 위험할 수도 있다. 실제로 이로 인한 뇌졸중이나 심근경색 사망자가 전 세계적으로 연간 200명 이상으로 추정된다는 보고도 있다.

아로니아의 폴리페놀은 아스피린보다 안전한 자연 항산화제로 혈관 내 혈전을 녹이고 혈액순환을 돕는다. 특히 폴리페놀은 미세 혈관 내의 혈액의 흐름을 개선하고 혈전이 혈소판 접착하는 것을 막아준다. 비행기로 장거리 이동 시에 사전에 아로니아 주스를 마시면 이런 위험을 상당히 줄일 수 있다.

유혹이 많기에 한 길을 가야 한다

"오로지 마음을 집중하면, 가장 높은 경지인 신명(神明)에도 도달할 수 있다." 《장자, 달생》

요즘 여러 기관과 단체, 도서관, 기업 등에서 인문학 강의를 할 때마다 강조하는 내용 중에 하나가 바로 시대의 흐름, 변화를 읽으라는 말을 자주 하곤 합니다. 인문학강의야 말로 시대변화의 흐름을 읽고 대처하는 능력을 길러주기 때문입니다. 4차 산업혁명시대 또는 '제2의 기계혁명'의 광풍이 거세게 몰아치고 있습니다. 사회는 우리가 인지하는 속도보다 더 빠른 속도로 변화하고 있습니다. 우리는 이 세상이 빠르게 변화하고 있다는 것을 알지만, 실제는 더 빠르게 변화하고 있습니다. 그러다 보니 내가 느끼는 변화의 속도감으로 두려워하며 바라볼 수밖에 없습니다.

빠르게 변화 안에서 가장 현명한 대처는 집중할 일에 집중하는 능력입니다. 유혹은 당장 해야 할 일로 가장해서 우리 눈에 가장 민족스리운 모습으로 다가오기 때문입니다.

"아마존 강물은 얼룩말들의 중요한 식수다. 그들은 아마존강에서 대자연의 은혜를 받으며 살아가고 있다. 하지만 아마존 강가 담불에는 굶주린 수사자가 시시각각 그들의 생명을 위협한다. 숫사자들은 조용히 망을 보다가 어린 얼룩말을 발견하면 순식간에 달려든다.

수사자가 달려들면 모여 있던 얼룩말 무리들은 소스라치며 사방으로 흩어져 달아난다. 그때 수사자는 바로 옆에 얼룩말 있어도 아랑곳하지 않고 처음에 노리던 사냥감을 쫓는다. 마치 주변의 다른 얼룩말들은 보이지 않는다는 것이 전혀 신경 쓰지 않는 것이다. 수사자는 처음부터 쫓던 얼룩말이 체력이 다 떨어질 때까지 기다렸다가 잠시 숨을 돌리는 틈을

타 덮친다." -장바이란, 《내일이 보이지 않을 때, 당신에게 힘을 주는 책》

단 하나에 집중하라

하나의 목표에 집중하기란 쉽지 않습니다. 그 까닭은 목표만 바라보는 데 있지 않고, 오랜 시간에 걸쳐 일어나는 일이기 때문입니다. 하나의 목표를 행해 달려가다 보면 새로운 목표물이 계속해서 등장하기도 하고, 지금 목표보다 훨씬 좋이 보이는 것이 속속 보이기 때문입니다.

수사자가 사냥감을 쫓는 과정에서 수많은 얼룩말이 나타나는 것처럼, 우리도 살면서 수많은 유혹의 손길로 흔들립니다. 유혹은 지금 쫓고 있는 얼룩말보다 보기 좋게 나타납니다. 바로 이때가 목표에 집중해야 할 때입니다. 그리고 자신이 진짜 원하는 한 가지 목표 집중해야 합니다.

"공자가 초나라에 갔을 때 한 숲 길을 지나가다가 등이 굽은 노인이 매미를 잡는 것을 보았는데 매미를 어찌나 잘 잡는지 마치 매미를 줍듯 하고 있었다.
공자가 물었다. "노인께서는 어떻게 이런 방법으로 매미를 잡을 수 있습니까? 무슨 비결이라도 있습니까?"
노인이 대답했다. "제게는 방법이 있습니다. 처음에는 대나무 장대 위에 알을 두 개를 올려 놓고 땅에 떨어지지 않을 때까

지 연습을 합니다. 그 후 매미를 잡으러 가면 열 번의 기회
가 있으면 세 번만 실수를 했을 뿐입니다. 이후 다시 세 개
를 가지고 땅에 떨어지지 않을 때까지 연습을 하고 매미를
잡으면, 열 번의 기회에서 단지 한두 번의 실수가 있을 뿐이
었습니다. 마지막으로 다섯 개가 땅에 떨어지지 않을 때까지
연습하고 매미를 잡으니 손으로 물건을 줍는 것처럼 쉬웠습
니다. 지금 제 마음 속에는 오직 생각하는 것과 보는 것은
모두 매미의 얇은 날개뿐입니다. 저는 제 마음을 다른 것으
로부터 빼앗기지 않으며, 한쪽으로 기울지도 않습니다. 이렇
게 하는데 어찌 매미를 잡지 못하겠습니까?"
공자가 제자들을 돌아보며 말했다.
"오로지 마음을 집중하면, 가장 높은 경지인 신명(神明)에도
도달할 수 있다. 그것은 바로 저 등이 굽은 노인을 두고 한
말이구나"《장자, 달생》

공자가 초나라를 지나가다가 매미 잡는 등이 굽은 노인
을 보게 됩니다. 그 노인이 매미를 어찌나 잘 잡는지 마
치 매미를 줍는 듯하다고 표현하고 있습니다. 공자는 노
인에게 비결이 있는지 물어보자, 노인이 알려준 비결은
다름 아닌 훈련을 통한 집중이었습니다. 초나라 노인은
매미를 잡기 위해 집중하고 또 집중해야 잡을 수 있다고
말합니다. 초나라 노인은 "오직 생각하는 것과 보는 것은
모두 매미뿐"이었기에, "길에 떨어진 매미를 줍듯 할 수
있었다"고 말합니다. 깨달음 얻은 공자는 제자들에게 이

렇게 말합니다.

"오로지 마음을 집중하면, 가장 높은 경지인 신명(神明)에도 도달할 수 있다. 그것은 바로 저 등이 굽은 노인을 두고 한 말이구나"

매미조차도 집중해야 잡는다

집중해야 매미도 잡을 수 있습니다. 누군가가 우연히 매미를 잡을 수는 있지만 지속해서 매미를 운 좋게 잡을 수는 없습니다.

노래에 탁월한 재능을 갖고 있던 한 소년이 있었습니다. 어느 날 이 학생은 심각한 고민에 빠지게 됩니다. 그 소년은 유명한 성악가가 되고도 싶고, 학생을 가르치는 교사도 되고 싶었기 때문입니다. 쉽지 않은 선택과 결정, 결국 소년은 일단 두 가지를 병행하면서 천천히 결정하자고 마음먹습니다. 그런데 이 말을 들은 아버지는 아들에게 이렇게 조언합니다.

"만약 네가 의자 두 개 한꺼번에 앉으려고 한다면 어떻게 해야 할까? 아마 그 사이로 떨어지고 말겠지? 인생은 항상 네게 하나 의자만을 선택하라고 한단다."

아버지 조언을 들은 소년은 자신 생각이 잘못되었음을 깨닫고 음악가가 되기로 결정합니다. 이후 이 소년은 7년 동안 한눈을 팔지 않고 실력을 연마하고, 결국에는 자신이 원하던 세계적인 성악가가 되었는데 그가 바로 세계 3대 테너 중에 하나인 루치아노 파바로티입니다. 파바로티 자신의 성공 비결은 두 개의 의자가 아닌 "성악이라는 하나의 '의자'를 선택해 앉았기 때문"이라고 말하곤 했습니다. 파바로티는 소년이었을 때 자신의 장점이 무엇인지를 잘 알고 있었습니다. 부족한 점을 보완하기보다는 장점을 극대화하여 자신의 경쟁력을 키워나갔고 결국 원하는 꿈을 이루게 되었습니다.

그럼에도 우리가 중요한 '하나'에 집중하지 못하는 이유는 무엇보다도 마음의 여유, 곧 흐트러지는 마음을 하나로 모을 '마음의 힘'이 없기 때문입니다. 바쁜 삶을 살다 보니 나만의 '하나'를 찾지 못하게 합니다. 그렇게 인생의 후반부를 맞이하지만, 여전히 밖에 수많은 것에 눈에 들어오니 마음이 흐트러질 수밖에 없습니다. 불행은 그 '하나'가 없이 방황하고 밖에서 찾는 삶이라면, 행복은 그 '하나'로 삶에 의미를 부여하고 즐기며 타인과 공유하는 삶을 말합니다. 그리고 집중은 불필요한 것을 거절할 수 있는 용기를 말합니다.

권영민

현재 '권영민인문학연구소'를 운영하고 있다. 국내 최고의 인문학 강사로 활동하고 있으며, 저술가로, 칼럼니스트로도 활동하고 있으며, 〈힐링푸드 시리즈〉의 기획, 저자이기도 하다.

≪페이스북 담벼락에 희망을 걸다≫
≪희망에 입맞춤을≫
≪품격, 공자에게 배우다≫
≪반 고흐 인생공부≫
힐링푸드 시리즈
01 ≪놀라운 양파의 효능≫
02 ≪자연이 인간에게 준 생명의 원천, 천일염≫
03 ≪자연이 키워낸 유기농 보성녹차≫
04 ≪복분자의 효능≫
05 ≪위장에 활력을 수는 양배주≫
06 ≪놀라운 비파의 효능≫
07 ≪자연이 준 기적의 선물 아로니아≫
08 ≪여성에게 새 생명을 주는 석류≫
09 ≪굶지 않고 다이어트 할 수 있는 채소수프≫
10 ≪진시황이 찾은 불로초? 황칠나무≫
11 ≪놀라운 마늘의 힘≫
12 ≪여성의 아름다움을 지키는 자몽≫
13 ≪신이 준 선물, 올리브의 효능≫

전유진

현재 전유진인문학연구소를 운영하고 있다. 약선요리 전문가로 음식인문학인 '다채로운 건강인문학'과 '소마 건강인문학' 강의, 집밥 테라피와 강의를 진행하고 있다.

≪신이 준 선물, 올리브의 효능≫
≪놀라운 마늘의 힘≫
≪식초로 만들어가는 건강한 삶≫
≪자연이 준 선물 아로니아≫